中国农业科学院兰州畜牧与兽药研究所中央级科学事业单位修缮购置专项实施成果汇编

杨志强 肖 堃 邓海平 主编

中国农业科学技术出版社

图书在版编目（CIP）数据

中国农业科学院兰州畜牧与兽药研究所中央级科学事业单位修缮购置专项实施成果汇编／杨志强，肖堃，邓海平主编．—北京：中国农业科学技术出版社，2017.12
ISBN 978-7-5116-2941-8

Ⅰ.①中…　Ⅱ.①杨…②肖…③邓…　Ⅲ.①中国农业科学院-畜牧-研究所-科技成果-汇编②中国农业科学院-兽医学-药物-研究所-科技成果-汇编　Ⅳ.①S8-242

中国版本图书馆 CIP 数据核字（2017）第 312878 号

责任编辑　闫庆健
文字加工　李功伟
责任校对　马广洋

出 版 者　中国农业科学技术出版社
北京市中关村南大街 12 号　邮编：100081
电　　话　(010)82106632(编辑室)(010)82109703(发行部)
(010)82109709(读者服务部)
传　　真　(010)82106625
网　　址　http://www.castp.cn
经 销 者　各地新华书店
印 刷 者　北京科信印刷有限公司
开　　本　880 mm×1 230 mm　1/16
印　　张　10.25
字　　数　217 千字
版　　次　2017 年 12 月第 1 版　2017 年 12 月第 1 次印刷
定　　价　40.00 元

《中国农业科学院兰州畜牧与兽药研究所中央级科学事业单位修缮购置专项实施成果汇编》

编委会

前　言

为贯彻落实《国家中长期科学和技术发展规划纲要（2006—2020年）》的要求，切实改善中央级科学事业单位的科研基础条件，推进科技创新能力建设，根据《国务院办公厅转发财政部、科技部关于改进和加强中央财政科技经费管理若干意见的通知》（国办发〔2006〕56号）精神，由中央财政于2006年专门设立中央级科学事业单位修缮购置专项资金，用于支持中央级科学事业单位房屋修缮、基础设施改造、仪器设备购置和仪器设备及升级改造四种项目类型的科研基础条件建设，以期大幅改善和提升中央级科学事业单位的科研条件水平，切实推进科技创新能力建设。

中国农业科学院兰州畜牧与兽药研究所自2006年修购专项实施以来，共获得修购专项资金支持项目22个，总金额11 058.00万元。其中：房屋修缮项目4项，1 295万元；基础设施维修改造项目11项，7 078.00万元；仪器设备购置项目6项，3 970.00万元；仪器设备升级改造项目1项，10万元。

在科技部、农业部和中国农业科学院领导下，兰州畜牧与兽药研究所认真组织实施，各相关部门和人员共同努力，克服困难，圆满完成了项目内容。通过这些项目的实施，研究所的基础设施条件和科研条件得到了极大的改善，科研能力显著提升，所容所貌焕然一新。投入前所未有，组织实施有序；变化前所未有，面貌今非昔比。依托修购项目形成了一批水平较高的科研成果和科研平台。修购专项的实施，为研究所奠定了坚实基础，研制出了国家一类新兽药"喹烯酮"、培育成功了国家畜禽新品种"大通牦牛"、"美丽奴高山细毛羊"和"中兰苜蓿2号"等，为农业、农村、农民服务，为精准扶贫，做出了重要贡献。

为记录10年来研究所修购项目的实施情况，总结项目组织管理经验，展示项目执行成果，特编辑《中国农业科学院兰州畜牧与兽药研究所中央级科学事业单位修缮购置专项实施成果汇编》。

在此编辑过程中得到了研究所领导和有关部门的大力支持，在此表示衷心感谢！

编　者

2017年10月

目　　录

第一部分　项目总体情况

第二部分　项目实施情况及成效展示

第三部分　修购专项相关管理办法

第一部分　项目总体情况

为切实改善中央级科学事业单位的科研基础条件，推进科技创新能力建设，中央财政从2006年起设立了中央级科学事业单位修缮购置专项资金（以下简称“修购专项”）。修购专项是国家增加对中央级科学事业单位投入，优化投入结构的重要举措。自实施以来取得了显著效果，改善了中央级科学事业单位的科研基础条件和环境面貌，为提高科技创新能力提供了重要的支撑。

修购专项资金支持的范围全面，界定清晰。支持范围涵盖了目前单位科研基础条件改善需求的各个主要方面，同时明确了支持连续使用15年以上、且已不能适应科研工作需要的房屋修缮；科研辅助设施和水、暖、电、气等基础设施改造；科学研究工作服务的科学仪器设备购置；支持直接为科学研究工作服务的科学仪器设备以及利用成熟技术，对尚有较好利用价值、直接服务于科学研究的仪器设备所进行的功能扩展、技术升级等工作。是中央级科学事业单位提升基础实施水平，构建科技创新硬件平台，加快自身科研事业发展的主要资金渠道和条件保障。

一、研究所修购专项的总体实施情况

中国农业科学院兰州畜牧与兽药研究所是国家级农业科研机构，承担着国家级公益性科研任务。自2006年修购专项实施以来，研究所获得修购专项资金支持项目22个，总金额11 058.00万元。其中：房屋修缮项目4项，1 295万元；基础设施维修改造项目11项，7 078.00万元；仪器设备购置项目6项，3 970.00万元；仪器设备升级改造项目1项，10万元。（表1、图1、图2、图3）

表1　研究所获得修购专项支持情况表（分类别）

序号	项目类型	项目名称	年度	金额（万元）	实施地点
1	修缮改造类	中药提取与化药合成中试车间修缮	2006	105	所区大院
2		原西北畜牧兽药防疫处古建筑维护	2006	35	所区大院
3		科研楼电梯更换	2006	80	科苑西楼
4		科研大楼维修改造	2007	700	科苑西楼
5		室外地下管网更新改造	2007	120	所区大院
6		综合试验站基础设施改造更新	2007	205	大洼山综合试验基地
7		中兽医实验大楼及药品贮存库房维修	2008	455	东科研楼
8		消防设施配套	2009	125	所区大院
9		综合试验站生活用水设施配套	2009	160	大洼山综合试验基地
10		锅炉煤改气	2010	665	所区大院
11		所区配电室扩容改造	2011	170	所区大院
12		野外观测试验站基础设施更新改造	2011	461	大洼山综合试验基地
13		中国农业科学院共享试点：区域试验站基础设施改造	2012	2 090	大洼山综合试验基地
14		中国农业科学院共建共享项目：张掖、大洼山综合试验站基础设施改造	2013	1 057	张掖、大洼山综合试验基地
15		中国农业科学院公共安全项目：所区大院基础设施改造	2014	650	所区大院内

（续表）

序号	项目类型	项目名称	年度	金额（万元）	实施地点
16	设备购置类	创新中兽药研究实验室设备购置	2006	680	新兽药研究室
17		质检中心仪器购置	2007	355	质检中心
18		牦牛藏羊分子育种创新研究仪器设备购置	2009	520	畜牧研究室
19		中兽医药现代化研究仪器设备购置	2010	440	中兽医研究室
20		畜禽产品质量安全控制与农业区域环境监测仪器设备购置	2012	1 350	新兽药研究室、质检中心、区域试验站
21		中国农业科学院前沿优势项目：牛、羊基因资源发掘与创新利用研究仪器设备购置	2015	625	畜牧研究室
22		恒温恒湿室改造升级	2007	10	质检中心
合计				11 058	

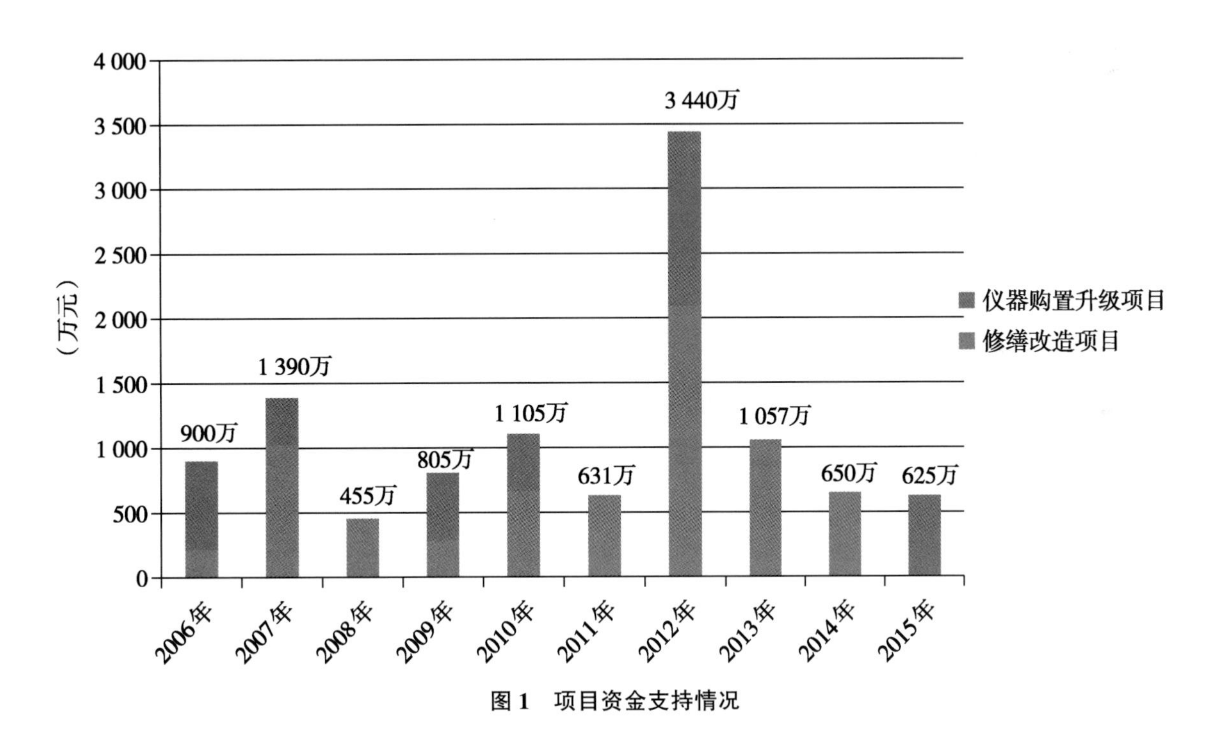

图1　项目资金支持情况

二、采取多项措施加强组织管理

研究所严格依据相关管理制度和文件要求，认真编制项目规划，以项目为单位成立专门的项目领导小组和执行项目组，积极开展项目过程管理和绩效考评，采取多项措施有效提高了项目实施工作质量和效率。

（一）高度重视专项管理工作，成立领导小组和实施小组

研究所高度重视修购专项管理工作。为促进项目管理规范化、制度化、科学化，以项目实施年度为单位，专门成立由分管所长任组长，条件建设与财务处和部门负责人、纪检等成员组成的修缮购置专项领导小组，负责专项总体规划、实施方案制定、项目决策、检查与总体协调等工作。成立

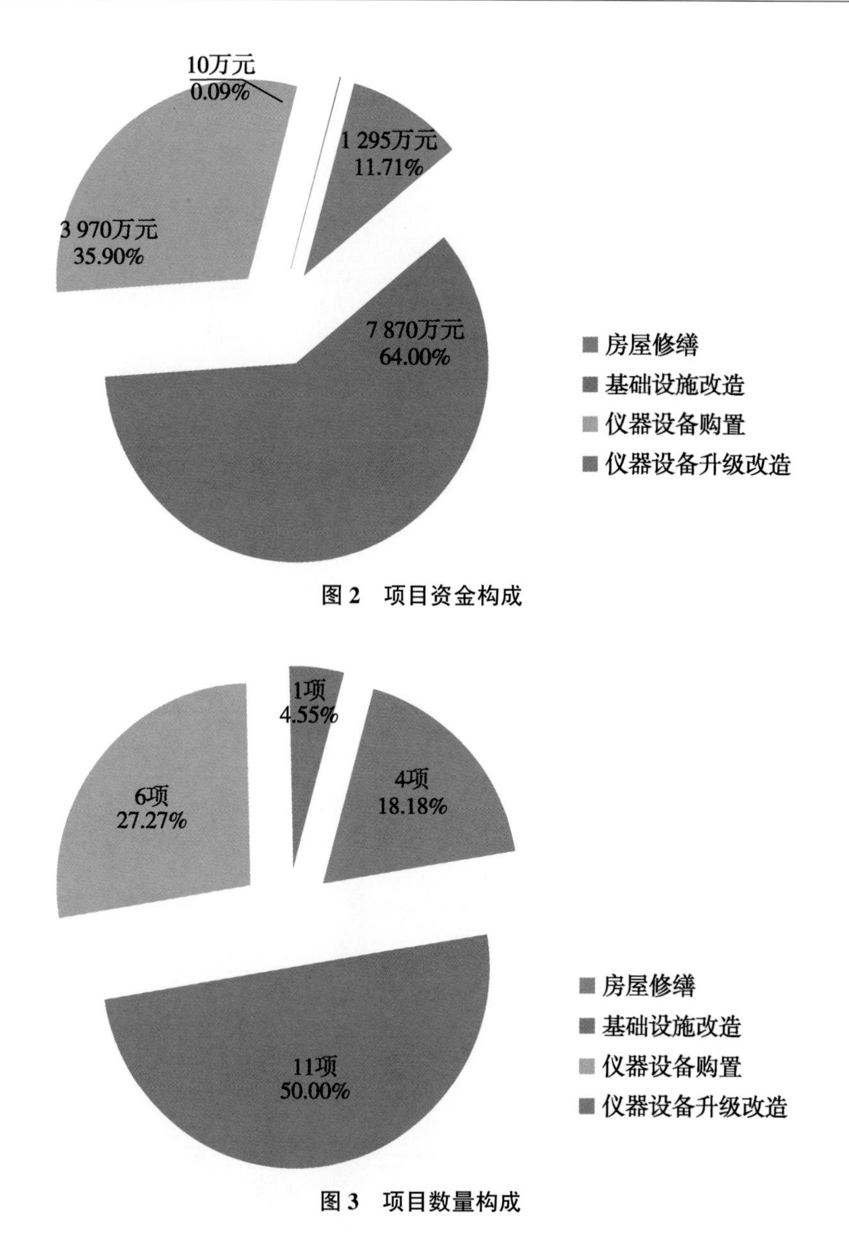

图 2　项目资金构成

图 3　项目数量构成

由部门负责人任组长，条件建设与财务处项目管理、财务管理、资产管理人员，相关部门工作人员等组成的实施小组，负责项目具体执行。分工明确、责任到人，为确保修购专项工作顺利进行奠定了良好基础。

（二）严格依据有关制度和文件规定开展项目工作

项目实施的依据为财政部、农业部关于修购专项管理办法、预算和实施方案批复文件，包括《中央级科学事业单位修缮购置专项资金管理办法》（财教〔2006〕118 号）、《农业部科学事业单位修缮购置专项资金管理实施细则》（农办财〔2009〕48 号）、年度修购专项资金预算批复文件、农业部批复的《农业部科学事业单位修缮购置专项资金项目实施方案》。根据研究所自身实际情况，还专门制定了《兰州畜牧与兽药研究所“修缮购置”项目实施方案管理办法》、《兰州畜牧与兽药研究所“中央级科研院所修缮购置”项目经费管理办法》（附件），对修购专项实施和资金安全进行有针对性的、具体的指导和管理。项目实施过程严格执行法人负责制、招投标制、监理制和合同制，确保实施过程科学化、制度化、规范化和程序化。

项目采购过程严格按照《政府采购法》《招投标法》和农业部政府采购相关管理规定进行，工程勘察、设计、监理、施工单位招标，仪器设备采购供货商招标等重要的采购环节均由项目领导小组、项目组和研究所纪检部门共同参与并将结果予以公示。

（三）广泛开展需求调研，重视修购规划编制

积极做好修购专项规划工作，提升项目执行效果。研究所条件建设部门坚持以农业部、中国农科院总体规划为指导，以提高科技创新能力为原则，立足国家发展战略、科技发展趋势、公益性科研职能定位，围绕科研重点目标、任务，结合研究所的科研优势和研究重点、基础条件和人员队伍（包括科研、管理和技术支撑人员）现状等，积极深入科研、基地第一线，切实地了解研究所条件建设的需求，广泛征求科研人员意见作为编制修购项目规划的基础。同时邀请所内外工程建设、仪器设备管理、财务管理、资产管理等方面的专家共同参与项目规划的编制，弥补研究所管理人员在仪器设备和工程等专业知识上的不足，提升了规划的前瞻性、科学性和可行性。

（四）加强共享管理，充分发挥项目效益

随着修购专项的实施，研究所各类型科研平台水平显著提升，大型仪器设备数量迅速增加，如何加强实验室、野外台站、试验站以及大型仪器的管理与利用，提高修购专项投资效益，充分项目实施成果在科研及社会服务方面的作用，已成为修购专项管理工作的一项十分重要的内容。研究所自承担修购专项以来，始终秉承“共建、共享、共用”的理念，积极探索开放共享机制，制定了专门的仪器设备和设施共享管制制度，初步形成了共享开放局面。对已维修改造的科研用房及购置的仪器设备对外全部开放。5 万元以上的仪器设备实现本所共用，10 万元以上的仪器设备实现兰州地区共用，50 万以上的仪器设备实现全国共用。设立基地和仪器共享共用基金，进一步扩大 2 个综合试验基地共享专业范围和效果。充分发挥现有的信息网络，对仪器设备的共享共用进行科学管理。

（五）开展项目绩效考评，全面反映项目的执行效果

项目完成后，研究所积极组织，依据中央级农业科研机构修购专项绩效评价指标体系，设计项目评价工作规程，邀请管理、业务、财务等方面的专家，对实施的修购专项进行绩效考评，总结管理经验，提升管理水平。

三、项目实施成效显著

（一）修缮改造方面

通过项目实施，研究所修缮老旧房屋 13 702.42 m^2，其中科研用房 13 174.42 m^2，科研辅助用房 528m^2。更换了多年无法使用的电梯，免去了科研人员每天徒步上楼的辛苦。项目实施后不但外观更加美观，内部设施更为完善，为科研人员创造了更加舒适便利的工作环境，激发了科研热情。原国立兽医学院院长办公室，已有近百年历史的古建筑，有着修旧如旧的样式。经修葺后成为研究所的所史陈列馆——铭苑。被兰州市文物局列为“兰州重要工业遗产”。

维修改造所区地下给排水管网 9 074 m，铺设所区道路 12 800 m^2，维修围墙 1 003 m。所区基础设施水平明显改善，所容所貌焕然一新。

扩建 500m^3消防水池一座，铺设消防控制线路 480m，形成消防联动体系；所区配电室总容量由原来1 600kVA 增容至 3 200kVA 并配备了双回路供电，充分满足了研究所的科研、生产、生活的需求并提供了电力保障。更换原有燃煤锅炉为 3 台天然气锅炉，维修锅炉房 767m^2。结束了传统落后的燃煤供暖方式，减少了城市污染，美化了所区环境。为兰州市大气环境污染治理和蓝天工程的推进做出了贡献。

对大洼山综合试验基地和张掖综合试验基地进行了全面的基础设施改造。大洼山综合试验基地

移动土方 30 余万 m^3，新增试验用地 100 余亩（15 亩 = $1hm^2$。下同）；铺设喷灌 1 200 亩，维修灌溉渠系 3 570 m；更换输电线路 1 950 m，铺设机井给水管线 3 400 m，自来水给水管线 928m，天然气管线 1 000 m，扩建锅炉房 $60m^2$，购置燃气锅炉两台。改扩建植物加带人工气候室 2 016 m^2。张掖综合试验基地维修渠系 8 000 m，维修道路 24 000 m^2，平整改良土地 980 亩，维修加固基地围栏 5 100 m。

项目实施后，两个试验基地水、路、林、渠等基础设施水平全面提升，增加了大量可利用的试验用地，增强了试验基地作为科技创新“第二实验室”的科研保障能力。

（二）仪器购置方面

购置 5 万元以上仪器设备 119 台套，其中 100 万以上大型仪器 4 台，50 万 ~100 万元仪器 9 台。升级改造恒温恒湿实验室 $60m^2$。支持了研究所 8 个实验室、1 个野外观测试验站、1 个质检中心和 2 个工程技术中心的科技创新研究工作。

通过修购专项支持，研究所科研条件陈旧落后的面貌发生了翻天覆地的变化。一批老旧的房屋设施得到了修复和改造，水、电、暖、气等基础设施保障能力明显提高；购置和升级的仪器设备，提升了和完善了实验室、质检中心、分析测试中心等研究平台的水平；科研试验基地的水、电、路、林、渠等基础设施得到了较大的改善，为农业综合试验示范奠定了良好基础，为将研究所建设成为国际一流的农业科研院所提供了必要的条件。

第二部分　项目实施情况及成效展示

修缮改造项目

■ 中药提取与化药合成中试车间修缮
■ 原西北畜牧兽医防疫处古建筑维护
■ 科研楼电梯更换
■ 科研大楼维修改造
■ 室外地下管网更新改造
■ 综合试验站基础设施改造更新
■ 中兽医实验大楼及药品贮存库房维修
■ 消防设施配套
■ 综合试验站生活用水设施配套
■ 锅炉煤改气
■ 配电室扩容改造
■ 野外观测试验站基础设施更新改造
■ 中国农业科学院共享试点——区域试验站基础设施改造
■ 中国农业科学院共建共享项目——张掖综合试验站大洼山基础设施改造
■ 中国农业科学院公共安全项目——所区大院基础设施改造

中药提取与化药合成中试车间修缮

（2006 年）

一、项目背景

科技基础条件的优化与重整，正在成为国家基础设施的重要组成部分，成为国际科技创新竞争的一个新的焦点。研究所利用现有基础条件，发挥研究所的学科优势，在牧草、畜牧、兽医、兽药等学科领域开展了大量基础和应用研究工作，取得了一大批重要的科技成果，对我国现代畜牧业的发展和社会公共卫生安全方面做出了重要的贡献。但是，基础条件设施的薄弱，尤其是现代新型科学仪器设备的缺乏，很大程度上限制了研究所在各学科领域自主创新能力的提高。新兽药的研制从实验室走向工业化的生产，必须经过中试车间的工艺的探索阶段。研究所为中药提取与化药合成中试车间为“痢菌净”、“静松灵”“六茜素”等一大批新兽药产品顺利走向市场、服务于我国畜牧业发展，提供了可靠地中试依据。中药提取与化药合成中试车间始建于 20 世纪 60 年代，建筑面积 1 800 m^2。由于年久失修，屋面漏雨、地基下沉、部分墙体开裂、墙皮脱落、内部水电等设施严重老化，已不适应现代兽药中试的需要，迫切需改造维修。通过本次修缮购置项目的实施，研究所将在新型兽药重点开放实验室建设方面更上一个新台阶，为建设开放、共享兽药实验室奠定基础，提高研究所的综合实力。

二、项目实施情况

（一）申报及批复情况

2006 年 6 月，研究所向主管部门上报了“中药提取与化药合成中试车间修缮”项目申报材料。同年中国农业科学院下发《关于下达 2006 年度中央级科研院所修缮购置专项经费的通知》（农科院计财）〔2006〕463 号）文件，批准项目立项，下达经费 105 万元。2007 年 3 月，中国农业科学院转发农业部关于房屋修缮专项经费实施方案的批复，项目进入实施阶段。

（二）实施方案批复的建设内容及规模

1. 屋面

将原瓦屋面及油毡拆除，修补屋面板，铺 3mm 厚 SBS 防水，再钉挂瓦条铺机瓦。

2. 墙体

拆除个别变形裂缝墙体及墙下基础，重新处理地基，做基础、砌墙、粉刷、刷乳胶漆饰面；拆除原墙面粉刷层，重新粉刷、刷乳胶漆饰面、局部贴 200mm×300mm 墙砖。

3. 地面

拆除原地坪，夯实地基，打 3∶7 灰土、做混凝土垫层、铺 600mm×600mm 地板砖，局部铺设 LG 塑胶。

4. 天棚

铲除原天棚饰面，重新粉刷、刷乳胶漆饰面；走廊、盥洗室做轻钢龙骨石膏板吊顶、刷乳胶漆饰面。

5. 门窗

拆除原有门窗，按所需位置重新安装；门为塑钢全板平开门，窗为真空玻璃塑钢推拉窗。

6. 外立面

补做女儿墙，外墙面重新粉刷、刷乳胶漆饰面，墙裙贴外墙砖。

7. 安装

（1）给排水。拆除原有给排水系统，给水采用铝塑复合管、排水采用 U-PVC 管，卫生洁具重新更换。

（2）采暖。拆除原采暖系统，重新敷设管线，安装散热器。

（3）电路。增加总的供电容量，更换现有的线路、增设安全保护设施。

（4）消防。按现行消防规范要求增设消防系统，布置消火栓。

（三）实际完成的建设内容及规模

1. 屋面工程

拆除原有瓦屋面，修补屋面板，更换聚乙烯丙纶复合卷材防水层，增加 50mm 聚苯板保温层。更换原有封檐板，重新钉挂瓦条铺机瓦，喷瓦面乳胶漆。

2. 墙体工程

拆除局部变形裂缝墙体及墙下基础，重新处理地基，做基础、砌墙、抹灰、刷乳胶漆饰面。室内墙面局部修补，铲除原内墙面粉刷层，抹灰、刷内墙乳胶漆。室外清水砖墙面抹灰，刷外墙乳胶漆饰面。洗手间内墙贴 300mm×400mm 墙面砖。室外墙裙贴 200mm×400mm 仿石砖。

3. 地面工程

拆除室内所有房间、走道地面，夯实地基，打 3：7 灰土、沙浆垫层，铺 600mm×600mm 地板砖，洗手间地面铺 300mm×300mm 防滑砖。室外四周重新做混凝土散水。

4. 吊顶工程

拆除室内原有顶棚，重新用吸音矿棉板吊顶。

5. 门窗工程

拆除原有门窗，更换为中空玻璃塑钢推拉窗，安装防盗栏。进户门为钢制防盗门，室内其他门为木制工艺门，安装门套，木门及门套刷色浆、底漆，清漆罩面。

6. 安装工程

（1）拆除原实埋给排水管道，新做 400mm×400mm 砖砌地沟，给水采用 PPR 管，排水采用 U-PVC 管，卫生洁具全部更换。

（2）拆除原采暖系统，重新铺设管线，安装散热器。

（3）拆除原有用电线路及灯具，增加总的供电容量，更换线路，室内外分别安装格栅灯及吸顶灯，增设安全保护设施。

（4）按消防规范要求增设消防系统，布置消火栓。

7. 原有钢结构中试车间外包装及辅料库房维修改造工程

原有库房为钢结构形式，由于屋面漏水，墙面脱皮，需重新维修。拆除原有屋面、墙体及门窗。在原有主框架基础上进行改修，1m 以上加设彩钢加芯保温板做为新辅料库房墙体，屋面翻新改为彩钢加芯板屋面，1m 以下为砖墙，外墙面为仿石砖。重新更换门窗，窗户由原来的钢窗改为中空玻璃塑钢窗，门由原有铁门改为防盗门，地面铺设地板砖。室内由原有大开间改为小开间，采用木工板加轻钢龙骨做为开间隔墙。库房总面积为 164m^2，维修砖混结构值班室 22m^2。

8. 零星工程

拆除原中试车间院内部分危房，维修部分破损、下沉地坪。

工程于 2007 年 9 月 10 日开工，2007 年 11 月 10 日竣工。按照实施方案批复的建设内容与规模，均已完成。

（四）项目组织管理情况

1. 组织管理机构（图 4）

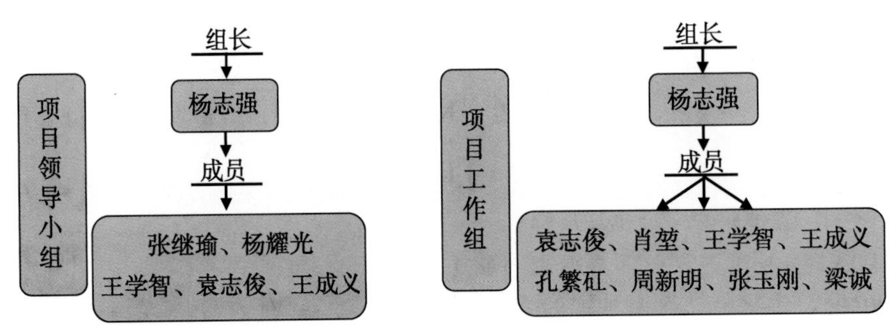

图 4　组织管理机构组成

2. 参建单位及招投标情况

项目工程由甘肃省城乡工业设计院有限公司设计，甘肃华兰工程监理有限公司负责现场监理。施工单位通过公开招标方式确定，委托甘肃金安建设工程招标有限公司（甘肃省招标中心）为招标代理机构。2007 年 8 月 8 日，在甘肃省建设工程交易中心开标，经评标，甘肃建工工程承包有限公司中标承建，中标通知书编号为 SG620101070705101。

三、项目验收情况

（一）初步验收

2007 年 12 月 13 日，研究所组织施工单位、监理单位、设计单位共同对“中药提取与化药合成中试车间修缮”项目工程进行了初步验收，质量评定为合格。

（二）项目验收

2008 年 11 月 6 日，中国农业科学院组织专家在兰州对研究所承担的中药提取与化药合成中试车间修缮项目（项目编码：125161032101）进行了验收。验收专家组听取了项目组的完成情况汇报，审阅了相关资料，并查勘了项目现场，经质询和讨论，形成如下意见。

（1）本项目按照《农业部中央级科学事业单位修缮购置专项资金房屋修缮类项目实施方案（2006 年）》的批复进行了实施，并完成了项目建设任务。

（2）甘肃信瑞会计师事务有限公司所出具的专项审计报告，项目资金符合《农业部科学事业单位修缮购置专项资金管理实施细则（试行）》的要求。

（3）中药提取与化药合成中试车间修缮项目的完成，为研究所化药合成、中兽药研发提供了条件保证，解决了科技成果向规模化产业化转移的中间环节，提升了研究所创新药物的研发能力和研发水平。

（4）项目管理程序规范，招标程序严格。该项目成立了领导小组，制定了相关管理办法，并严格组织实施。参建“四方”于 2007 年 12 月 13 日进行了工程初步验收，验收结论为合格。

（5）项目档案资料齐全，各项手续完备。

专家组一致同意通过验收（表 2，表 3）。

表 2　验收专家组名单

序号	姓名	单位	职称/职务	专业	备注
1	蒲瑞丰	甘肃省计量研究院	主任/高级工程师	仪器鉴定	组长
2	谢志强	甘肃金城工程监理有限责任公司	经理/高级工程师	工民建	组员

（续表）

序号	姓名	单位	职称/职务	专业	备注
3	张玉凤	甘肃通达会计师事务有限公司	会计师/注册税务师	财务	组员
4	张莹	中国农业科学院哈尔滨兽医研究所	会计师	财会	组员
5	李铁	北京中天博宇投资顾问有限公司	注册咨询师	生物	组员

表 3　2006 年度农业部科学事业单位修购项目执行情况统计表（房屋修缮类项目）

项目名称	资金使用情况（万元）			项目完成情况							备注
	预算批复	实际完成	资金执行率（%）	实施方案批复修缮面积	实际完成修缮面积（m^2）					项目执行率（%）	
					小计	科研用房	办公室用房	公共服务用房	设备用房		
中药提取与化药合成中试车间修缮	105	105	100	1 800	1 800	1 800	0	0	0	100%	
补充说明：无											
填表人：袁志俊　填表时间：2008 年 11 月 6 日　验收小组复核人：蒲瑞丰											

四、项目建设成效

中药提取与化药合成中试车间修缮项目的完成，为研究所化药合成、中兽药研发提供了条件保证，可以加快合成药物和创新药物的研发进度，并解决了科技成果向规模化产业化转移的中间环节。配备合适的合成设备、提取设备、干燥设备及精制、包装等设备，可以进行缓释、控释、靶向等新剂型药物的开发、提升研究所创新药物的研发能力和研发水平（图 5、图 6、图 7、图 8、图 9、图 10、图 11、图 12）。

图 5　修缮前的中药提取与化药合成中试车间外观

图 6　老旧的内部设施

图 6　修缮后的中药提取与化药合成中试车间外观

图 8　修缮后的中药提取与化药合成中试车间外观

图 9　修缮后的室内吊顶

图 10　修缮后的外墙

图 11　修缮后的室内走廊

图 12　修缮后的室内卫生间

原西北畜牧兽医防疫处古建筑维护

（2006 年）

一、项目背景

研究所内的原西北畜牧兽医防疫处古建筑始建于民国初期，建筑面积 528m²，毛石条形基础，青砖木结构，古建筑风格，青筒瓦屋面。抗战期间，曾为国民党政府畜牧兽医防疫处的办公场所。解放后改为西北地区畜牧部部长办公室。该建筑是西北畜牧兽医发展史的见证，具有重要的文物保护价值。该建筑物所处地基为自重失陷性黄土地区，地基遇水后自行塌陷，造成面部桩基、墙基下沉，由于建造年代久远，使用环境恶劣，维修保护资金缺乏，虽经几次小修小补，但没有从根本上解决基础下沉、墙体开裂、彩画漆面破损脱落的局面。致使该建筑严重受损，无法正常使用。维护修缮后将成为现代畜牧兽医科研、教学及牧药所历史文化的标志性建筑，并作为牧药所所史陈列室使用。

二、项目实施情况

（一）申报及批复情况

2006 年 6 月，研究所向主管部门上报了“原西北畜牧兽药防疫处古建筑维护”项目申报材料。同年中国农业科学院下发《关于下达 2006 年度中央级科研院所修缮购置专项经费的通知》（农科院计财）〔2006〕463 号），批准项目立项，下达经费 35 万元。2007 年 3 月，农科院转发农业部关于房屋修缮专项经费实施方案的批复，项目进入实施阶段。

（二）实施方案批复的建设内容及规模

1. 地基基础及相关部位加固修缮

拆卸屋面荷载，抬起梁柱，分别对沉陷的柱基进行换填加固处理；对需加固的墙、台、地基分段开挖，在确保原有墙、台稳定可靠的前提下，换填加固处理。

2. 梁柱修缮

将用于更换的新梁、柱先行防腐、防蛀处理，架设可靠的支撑结构受力体系，逐一拆除更换安装到位。

3. 木地板、龙骨修缮

拆除原有旧木地板、龙骨，拆除已塌陷地基，换填平整，重新找平，做防潮、防腐、防蛀处理，安装新的龙骨、木地板。

4. 青筒瓦屋面修缮

修补屋面板，更换防水层；将挂瓦条进行防腐阻燃处理后，按照屋面坡度钉挂瓦条、挂瓦，对缺损的瓦片按原规格补充。

5. 木制门窗修缮

拆下需要修缮的门窗，按原样进行修补、防腐、安装。

6. 装饰修缮

恢复木制梁、柱、廊坊的雕画、油漆；严格按修缮前所拍照片的面貌和比例，放样脱印、雕画图案，按原风貌图案调配色、彩绘。

7. 改造原有电气线路及采暖设施

拆除原老化的明线铺设电气线路，改为暗铺。重新合理布置电气设备；拆除原有暖气管道，更换取暖设备。

8. 屋顶、墙面、外廊、地面维修；屋内天棚吊顶，粉刷墙面，修补走廊，更换地砖及护栏条石。

9. 增加室内外消防设备。

（三）实际完成的建设内容及规模

1. 地基基础及相关部位加固修缮

地基下沉造成墙体开裂采用支撑卸载拆除法，将屋面拆除卸载，对下沉的墙体、基础进行拆除，基础处理做法：500mm 厚 3∶7 灰土，400mm 厚 C30 钢筋混泥土筏板，砖砌放大角，C20 钢筋混泥土地梁，恢复原墙体。

2. 拆除原有通气道及室内隔墙

3. 屋面工程

拆除原有屋面，更换、修补木椽、更换屋面板，增加 SBS 防水层、炉渣保温层，将青筒瓦更换为琉璃瓦，按原貌恢复。

4. 吊顶工程

拆除原有顶棚，重新用吸音矿棉板吊顶。

5. 抹灰、涂饰工程

铲除室内原墙面，重新抹灰、批腻子、刷乳胶漆，室外墙面重新刷涂料、勾缝。

6. 木地板、龙骨修缮

拆除原有旧木地板、龙骨，拆除已塌陷地基，换填平整，重新找平，做防潮处理，重新铺装复合木地板。

7. 木制门窗修缮

门扇重新制做，门框、窗户按原样进行修补、防腐、安装、油漆。

8. 对腐蚀、虫蛀、破损严重的梁、柱按原貌进行更换、修补。

9. 恢复梁、柱、廊坊的雕画、油漆

严格按修缮前所拍照片的原貌和比例放样脱印、雕画图案，按原风貌图案调、配色、彩绘、油漆。

10. 拆除原有外廊栏杆、面砖，更换为麻石面板。

11. 拆除取消原有给水、采暖设施

拆除原有用电线路，更换暗铺线路，重新布置电气设备，室内安装格栅灯，外廊安装羊皮吊灯、铜制风铃。

12. 花坛改造工程

（1）拆除原有花坛四周砖花墙，清除花坛草坪、杂树。

（2）原花坛改造为小广场 387m^2，具体做法为：清除 200mm 厚的植被土，素土夯实，打 150mm 厚 3∶7 灰土、100mm 厚 C15 混凝土垫层、25mm 厚 1∶3 混凝土砂浆结合层，铺 300mm×150mm 青砖面层。

（3）制作、安装、油漆室外木制休闲椅 8 把。

项目于 2007 年 8 月 8 日开工，2007 年 11 月 12 日竣工。按照实施方案批复的建设内容与规模，均已完成。

（四）项目组织管理情况

1. 组织管理机构（图 13）

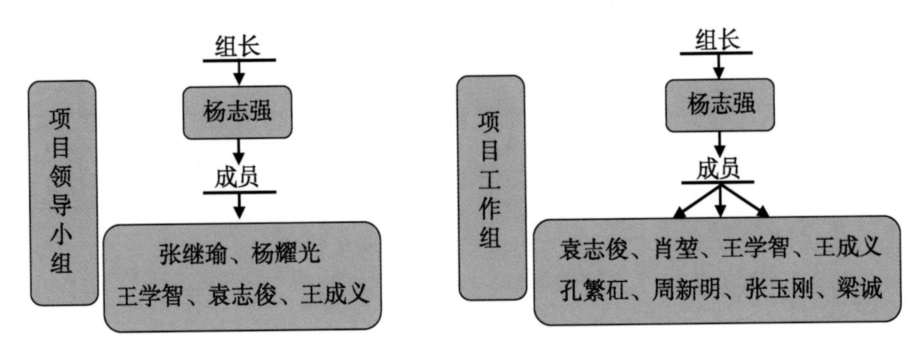

图 13　组织管理机构组成

2. 参建单位及招投标情况

项目工程由甘肃省城乡工业设计院有限公司设计，甘肃华兰工程监理有限公司负责现场监理。施工单位采取邀请招标方式确定，委托甘肃金安建设工程招标有限公司（甘肃省招标中心）为招标代理机构。2007 年 7 月 23 日，在研究所伏羲宾馆四楼会议室开标，经评标，兰州市园林建筑工程公司中标承建。

三、项目验收情况

（一）初步验收

2007 年 12 月 13 日，研究所组织施工单位、监理单位、设计单位共同对该工程项目进行了初步验收。经验收组现场检查，提出 6 条整改意见，并决定限期整改，择日再行验收。2008 年 3 月 10 日进行第二次现场验收，质量评定为合格。

（二）项目验收

2008 年 8 月 30 日，兰州畜牧与兽药研究所组织专家对研究所承担的“原西北畜牧兽医防疫处古建筑维护”（项目编码：125161032102）进行了验收。验收专家组听取了项目组的完成情况汇报，审阅了相关资料，并查勘了项目现场，经质询和讨论，形成如下意见。

（1）本项目按照《农业部中央级科学事业单位修缮购置专项资金房屋修缮类项目实施方案（2006 年）》的批复进行了实施，并完成了项目建设计划。

（2）甘肃信瑞会计师事务有限公司所出具的专项审计报告，项目资金符合《农业部科学事业单位修缮购置专项资金管理实施细则（试行）》。

（3）项目管理程序规范，招标程序严格。该所成立项目建设领导小组，并根据相关规定严格组织项目实施。项目实施基本按照国家相关法律法规执行制。

（4）项目档案资料齐全，各项手续完备。

专家组一致同意通过验收。

表 4　原西北畜牧兽医防疫处古建筑维护项目验收专家组名单

序号	姓名	单位	职称或职务	专业	备注
1	罗　军	甘肃华兰工程监理有限公司	经理	建筑学	组长
2	岳　新	甘肃华兰工程监理有限公司	工程师	工民建	组员
3	董伟良	甘肃方圆工程监理有限公司	高级工程师	土木结构	组员

（续表）

序号	姓名	单位	职称或职务	专业	备注
4	吴海兰	甘肃浩元会计师事务所	会计师	财　会	组员
5	杨耀光	中国农业科学院兰州畜牧与兽药研究所	副所长	农　学	组员

表 5　2006 年度农业部科学事业单位修购项目执行情况统计表（房屋修缮类项目）

项目名称	资金使用情况（万元）			项目完成情况							备注
	预算批复	实际完成	资金执行率（%）	实施方案批复修缮面积	实际完成修缮面积（m^2）					项目执行率（%）	
					小计	科研用房	办公室用房	公共服务用房	设备用房		
原西北畜牧兽药防疫处古建筑维护	35	35	100	528	528	528	0	0	0	100%	
补充说明：无											
填表人：袁志俊　　填表时间：2008 年 11 月 6 日　　验收小组复核人：罗军											

四、项目建设成效

原西北畜牧兽医防疫处古建筑，是西北畜牧兽医发展史的见证，具有重要的历史保护价值。项目维护修缮工程的完成，在保留古建筑原貌的基础上将内外设施修葺一新，保护了西北畜牧兽医科研教学的一项文化遗产。古建筑现已成为现代畜牧兽医科研、教学及研究所历史文化传承的标志性建筑，并被兰州市文物局列为重要工业遗产。面貌焕然一新的古建筑已成为研究所的陈列室，展示西北畜牧兽医事业解放以来的辉煌成就，展示畜牧兽医科研战线上几代人孜孜不倦的奋斗历程，展示研究所探赜索隐、钩深致远的科研精神。不断鼓励年青一代前赴后继，为畜牧兽医事业奉献终身（图 14、图 15、图 16、图 17、图 18、图 19、图 20、图 21、图 22、图 23）。

图 14　修缮前的古建筑原貌

图 15　修缮前的古建筑老旧破损严重

图 16　修缮后的古建筑焕然一新

图 17　修缮后的古建筑与盛彤笙院士雕像相得益彰

图 18　修缮后的内部所史展示区

图 19　农业部韩长赋部长参观所史陈列室

图 20　原农业部副部长、中国农科院院长李家洋院士参观本所所史陈列室

图 21　甘肃省委副书记欧阳坚参观所史陈列室

图 22　中国农业科学院副院长吴孔明院士参观本所所史陈列室

图 23　中国农业科学院李金祥副院长参观本所所史陈列室

科研楼电梯更换

（2006 年）

一、项目背景

研究所科苑西楼建于 1986 年，地上 10 层。楼内两部上海长城牌电梯于建成当年即投入使用。经过 10 余年的连续运转，电梯内部设施老化，各部位零部件磨损严重，屡出故障。虽经多次维修，但核心部件的损坏问题始终无法解决。因电梯存在较大的安全隐患，未通过年检，于 2000 年完全停止使用，严重影响了研究所正常的科研工作开展。

二、项目实施情况

（一）申报及批复情况

2006 年 6 月，研究所向主管部门上报了“科研楼电梯更换”项目申报材料。同年中国农业科学院下发《关于下达 2006 年度中央级科研院所修缮购置专项经费的通知》（农科院计财）〔2006〕463 号），批准项目立项，下达经费 80 万元。2007 年 3 月，农科院转发农业部关于基础设施改造专项经费实施方案的批复，项目进入实施阶段。

（二）实施方案批复的建设内容及规模

（1）购买新电梯两部，主要技术参数为：载重 1 000 kg、速度 1. 6m/s、定员 13 人。

（2）拆除原有的旧电梯，门厅墙面在拆旧安新过程中肯定有局部的损坏，为了达到既恢复原貌又要美观整洁的效果，对门厅墙面做局部的修复和装饰。

（三）实际完成的建设内容及规模

（1）购买新电梯两部，主要技术参数为：载重 1 000 kg、速度 1. 6m/s、定员 13 人。

（2）拆除原有的旧电梯，对门厅墙面做了局部的修复和装饰。

项目于 2007 年 9 月 18 日签订采购安装合同。2007 年 12 月 31 日，电梯安装完毕，进入试运行。

（四）项目组织管理情况

1. 组织管理机构（图 24）

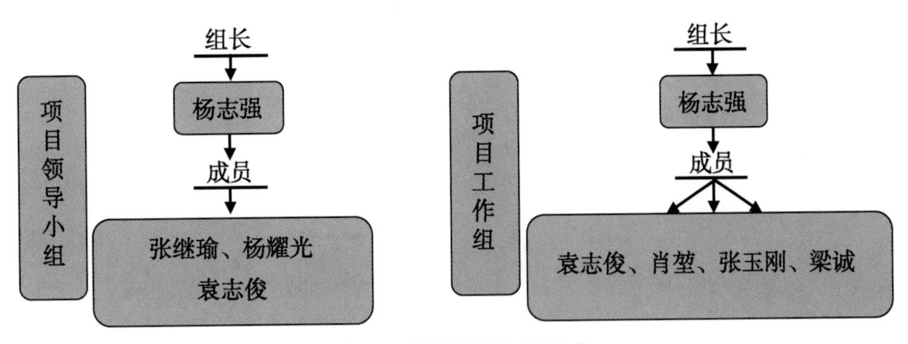

图 24　组织管理机构组成

2. 参建单位及招投标情况

项目电梯采购单位采取公开招标方式确定，委托甘肃省招标中心为代理机构。2007 年 9 月，在甘肃省招标中心开标，经评标，美国乔治电梯（深圳）有限公司中标。同时，研究所通过专题会议确定乔治电梯（深圳）有限公司承担旧设备拆除和土建技术改造施工。

三、项目验收情况

（一）初步验收

2008 年 3 月 27 日，研究所与甘肃省特种设备经验研究中心对电梯进行联合验收，出具了电梯验收检验报告书，检验结论为合格，同时对电梯进行安全检验，并颁发国家质量监督检验疫总局印制的安全检验合格证。

（二）项目验收

2008 年 11 月 6 日，中国农业科学院组织专家在兰州对研究所承担的“科研楼电梯更换”项目（项目编码：125161032201）进行了验收。验收专家组听取了项目组的完成情况汇报，审阅了相关资料，并查勘了项目现场，经质询和讨论，形成如下意见：

（1）本项目按照《农业部中央级科学事业单位修缮购置专项资金房屋修缮类项目实施方案（2006 年）》的批复进行了实施，并完成了项目建设任务。

（2）甘肃浩元会计师事务所出具的专项审计报告，项目资金使用符合《农业部科学事业单位修缮购置专项资金管理实施细则（试行）》的要求。

（3）项目完成后极大地改善了科研的基本条件。

（4）项目管理程序规范，招标程序严格。该项目成立了领导小组，制定了相关管理办法，并严格组织实施。甘肃省特种设备检验研究中心进行了检验，验收结论为合格。

（5）项目档案资料齐全，各项手续完备。

专家组一致同意通过验收（表 6、表 7）。

表 6　验收专家组名单

序号	姓名	单位	职称/职务	专业	备注
1	蒲瑞丰	甘肃省计量研究院	主任/高级工程师	仪器鉴定	组长
2	谢志强	甘肃金城工程监理有限责任公司	经理/高级工程师	工民建	组员
3	张玉凤	甘肃通达会计师事务有限公司	会计师/注册税务师	财　务	组员
4	张　莹	中国农业科学院哈尔滨兽医研究所	会计师	财　会	组员
5	李　铁	北京中天博宇投资顾问有限公司	注册咨询师	生　物	组员

表 7　2006 年度农业部科学事业单位修购项目执行情况统计表（基础设施改造类项目）

项目名称	资金使用情况（万元）			项目完成情况												备注
	预算批复	实际完成	资金执行率（%）	科研基地		温室		网室		旱棚		土壤改良		其他		
				数量（个）	金额	数量（个）	金额	数量（个）	金额	数量（个）	金额	数量（m^2）	金额	数量（个）	金额	
科研楼电梯更换	80	80	100											2	80	

补充说明：无

填表人：袁志俊　填表时间：2008 年 11 月 6 日　验收小组复核人：蒲瑞丰

四、项目建设成效

项目完成后，结束了10层科研大楼长达10年电梯不能正常运行的历史，科研人员长年爬楼梯，仪器设备、实验用品全靠人工搬运的窘境得到了彻底改善，极大地调动了科研人员的积极性，为稳定科研队伍，吸引人才创造了良好的环境，为科研活动提供了有力的保障（图25、图26、图27、图28、图29、图30）。

图 25　旧电梯外观

图 26　机械设施老旧

图 27　电梯更换施工中

图 28　新电梯内部

图 29　新电梯外观

图 30　新动力设备

科研大楼维修改造

（2007 年）

一、项目背景

研究所科苑西楼建成于 1986 年，总建筑面积 6 249 m^2，主体十一层，其中地上 10 层，地下 1 层。大楼建成 20 年来，为研究所畜牧兽医科技创新科研工作提供了极大地条件支撑和保障作用，大量优秀的科研成果在这里孕育而生，一大批高水平的科研人才在这里学习成长并走向畜牧兽医科研的最前沿，为我国畜牧业发展做出了贡献。

由于 20 世纪 80 年代建筑造价标准较低，科研楼建造时在材料、使用功能、试验室配套设施标准等方面都比较普通，经过 20 多年的使用，楼内外设施老化陈旧，原有建筑立面的马赛克瓷砖和外墙面砖破损脱落严重，局部裂缝，外观破旧，经常脱落的砖片影响行人的安全；建筑内部瓷砖、墙裙、墙面、地面破损不堪，木质门窗已出现变形，脱落；水、电、暖设施老化严重，消防设施不配套，存在安全隐患；实验室布局不合理、功能不完善，已不能适应现代科研工作的需求，维修改造科研楼势在必行。维修改造后的科研楼，必将促进研究所兽医（中兽医）、兽药、畜禽遗传育种、动物资源保护、草业和动物营养科学的研究水平和能力，解决我国畜牧兽医行业发展缓慢的矛盾，提高畜牧兽医行业的市场转化能力，让畜牧兽医行业在改善和提高人民生活水平中发挥更大的作用。

二、项目实施情况

（一）申报及批复情况

2007 年 8 月，研究所向主管部门上报了“科研大楼维修改造”项目申报材料。同年中国农业科学院下发《关于下达 2007 年中央级科学事业单位修缮购置专项资金预算的通知》（农科院财）〔2007〕426 号），批准项目立项，下达经费 700 万元。2008 年 1 月，农科院转发农业部关于项目实施方案的批复，项目进入实施阶段。

（二）实施方案批复的建设内容及规模

（1）科研楼改造面积 6 249 m^2，门厅改造面积 85m^2。

（2）外墙面新贴墙砖及防水涂料，局部贴大理石挂铝塑板，共计 3 823 m^2。

（3）内墙面及吊顶重新粉刷装饰，共计面积 16 900 m^2；更换门窗 1 450 m^2。

（4）门厅新装地弹门 42m^2；重修屋面 735m^2；地面重新修缮 5 065 m^2。

（5）室内原有给水、排水维修及改造。

（6）室内消防系统维修及改造。

（7）新增自动喷淋灭火系统及消火栓系统。

（8）供配电系统改造及维修。

（9）动力及照明配电系统改造及维修。

（10）增加火灾自动报警及消防联动控制系统。

（11）增加低压综合布线系统。

（12）增加监控系统、摄像头。

（13）增设有线电视。

（14）增加液晶显示屏 8 台。

（15）采暖系统改造。

（16）通风系统等。

（三）实际完成的建设内容及规模

1. 墙面工程

（1）外墙面。东、西、北外墙面为聚合物砂浆，专用腻子，喷氟碳油漆。水箱间及机房外墙面、南外墙面均采用铝合金龙骨干挂 4 厚 50 丝双面外墙铝塑板，其中南外墙面（7）~（10）轴为 140 系列铝合金龙骨中空玻璃幕墙。所有外墙裙为镀锌型钢干挂石材（南外墙裙石材为黑金沙，东、西、北外墙裙为中国黑石材）。

（2）内墙面。实验室、走道墙面刷白色乳胶漆，卫生间贴墙面砖，领导办公室、二楼会议室、接待室墙面贴壁布。房间所有管道采用木工板基层，石膏板面层包饰。十楼会议室柱及墙面采用木工板基层铝塑板饰面，不锈钢线条装饰。一楼内大厅墙面及柱镀锌型钢干挂 600mm×1 200mm 墙面砖，外厅墙面及柱干挂 800mm×800mm 微晶石。

（3）楼顶面。拆除原有上人屋面（包括屋面砖、保温层、找平层、油毡防水层），拆除屋面原有实验室库房，搬运库房药品及垃圾，屋面原有部分风机及机座拆除。屋面施工：水泥炉渣找坡最薄处 300mm 厚，100mm 厚 C20 砼垫层，水泥砂浆找平压光，4 厚 SBS 防水层两道，铺 8cm 厚挤塑保温板，水泥砂浆贴 150mm×150mm 屋面防滑砖，屋面飘板为钢结构弧形铝合金龙骨干挂铝塑板造型，柱及外露梁原涂料饰面铲除重新刷氟碳油漆。

2. 楼地面及吊顶工程

（1）一楼内、外大厅地面贴 800mm×800mm 微晶石，卫生间地面贴 300mm×300mm 防滑地砖，十楼会议室主席台复合木地板，楼梯间及电梯前厅贴石材，所有门口贴中国黑过门石，实验室及走道贴 600mm×600mm 地砖。楼梯间及二楼踢脚线为石材外其余部分踢脚线为地砖踢脚线。

（2）实验室及走道为轻钢龙骨 600mm×600mm 矿棉板吊顶（部分实验室吊顶为铝扣板），领导办、十楼及二楼会议室、接待室为石膏板二一三级吊顶，不锈钢及有机白玻造型，一楼内外厅为铝塑板造型吊顶。

3. 安装工程

（1）实验室安装 600mm×600mm 格栅灯，领导办、大厅、会议室、接待室安装筒灯及组装型灯带。

（2）所有照明线、插座线及动力电线、电缆全部更换，包括穿线管。

（3）弱电系统全部新增，每个房间增装弱电插座两套。

（4）实验室、卫生间上下水全为新增，上水管 PPR 管，下水管 U-PVC 管。

（5）消防系统按规范要求全为新设（烟感、喷淋、消火栓、楼层显示器、自报器）。

（6）实验室安装试验盆及实验专用龙头，卫生间安装蹲便器及柱式感应小便器，洗手盆为双孔大理石台上盆，防水玻璃镜。

（7）卫生间安装组装型铝合金暖气罩，其余房间暖气管道及阀门全部更换。

4. 门窗工程

原窗户更换为铝合金中空玻璃平开窗，五金件均为“坚朗”牌配件，每开启扇增设隐型纱窗，玻璃单块面积大于 1.5m^2 的均为钢化玻璃，东卫生间每层增加窗户一樘，楼梯间窗户均安装不锈钢栏杆。所有实验室、领导办、会议室、卫生间、档案室增装防盗门，屋面及水箱间、电梯间门为防盗门，门套木工板基层，饰面板饰面。门厅为感应门，东西走道为防火玻璃地弹门，门套为钢骨架，木工板基层，外包不锈钢面板。

5. 其他工程

（1）楼梯间安装不锈钢栏杆。

（2）卫生间安装防水隔断。

（3）原卫生间拆除，一楼大厅原有附结构拆除。

（4）窗户、门拆除。

（5）地坪砸除。

（6）原有强电、上下水设施拆除。

（7）玻璃幕墙和铝合金窗口收口处四周为干挂铝塑板。

项目工程于2008年3月10日开工，2008年12月10日竣工。按照实施方案批复的建设内容与规模均已完成。

（四）项目组织管理情况

1. 组织管理机构（图31）

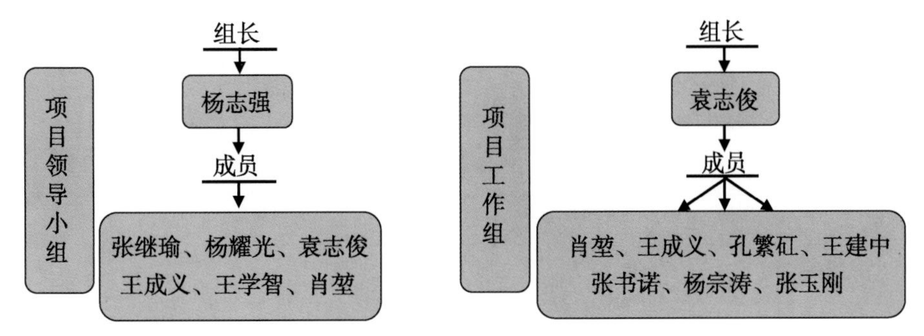

图31　组织管理机构组成

2. 参建单位及招投标情况

项目中楼本体维修、装饰改造、强弱电线路系统、供暖、给排水、消防系统改造由甘肃省城乡规划设计研究院设计，卫生间改造由兰州市民用建筑设计所设计；甘肃方圆工程监理有限责任公司承担项目工程监理。

施工单位采取公开招标方式，委托甘肃省招标中心为招标代理机构。2008年2月28日开标，经评标，甘肃省第六建筑工程股份有限公司中标承建，中标通知书编号SG620101080130102。项目所需主要设备配电柜由兰州仪诚电力设备有限公司承担供货安装。

三、项目验收

（一）初步验收

2008年12月19日，研究所组织施工单位、监理单位、设计单位共同对该工程项目进行了初步验收。经验收组现场检查，准予通过验收，质量评定为合格。

（二）项目验收

受农业部科教司委托，农业部工程建设服务中心组织工程、项目管理、财务等专家，于2010年8月12—13日，对中国农业科学院兰州畜牧与兽药研究所组织专家对研究所承担的“科研楼维修改造”项目（项目编码：125161032101）进行验收。验收组通过听取项目情况汇报，查阅档案资料，并经质询和讨论，形成如下意见：

该项目按照《农业部中央级科学事业单位修缮购置专项资金房屋修缮类项目实施方案（2007

年）》的批复要求，完成全部项目内容。部分变更调整符合项目功能和实际情况。工程竣工后通过四方验收，质量合格并已投入使用。项目管理比较规范。制定了相关项目管理办法并能有效执行，落实了项目法人责任制、招投标制、监理制和合同制。项目实行转账管理，专款专用，资金使用规范、合理，未发现挤占挪用项目资金现象。项目竣工财务决算通过甘肃立信会计师事务有限公司审计。项目档案资料齐全完整，分类立卷，管理规范。

科研楼改造项目的实施，改善了研究所的基础设施条件和条件，提升了综合创新能力，实现了预期目标。经验收组研究，同意该项目通过验收（表8、表9）。

表8　科研楼维修改造项目验收专家组名单

序号	姓名	单位	职称或职务	专业	备注
1	张小川	农业部工程建设服务中心	副主任、高级工程师	项目管理	组长
2	徐稚敏	中龙会计师事务所	所长/高级会计师	基建财务	组员
3	杨亚成	北京杰和工程咨询公司	高级工程师	工程技术	组员
4	陈　宇	农业部工程建设服务中心	工程师	工程管理	组员
5	冯建学	农业部工程建设服务中心	造价工程师	工程管理	组员

表9　2007年度农业部科学事业单位修购项目执行情况统计表（房屋修缮类项目）

<table>
<tr><td rowspan="3">项目名称</td><td colspan="3">资金使用情况（万元）</td><td colspan="7">项目完成情况</td><td rowspan="3">备注</td></tr>
<tr><td rowspan="2">预算批复</td><td rowspan="2">实际完成</td><td rowspan="2">资金执行率（%）</td><td rowspan="2">实施方案批复修缮面积</td><td colspan="5">实际完成修缮面积（m^2）</td><td rowspan="2">项目执行率（%）</td></tr>
<tr><td>小计</td><td>科研用房</td><td>办公室用房</td><td>公共服务用房</td><td>设备用房</td></tr>
<tr><td>科研楼维修改造</td><td>700</td><td>700</td><td>100</td><td>6 249</td><td>6 249</td><td>6 249</td><td>0</td><td>0</td><td>0</td><td>100%</td><td></td></tr>
<tr><td colspan="12">补充说明：无</td></tr>
<tr><td colspan="12">填表人：张玉刚　　填表时间：2010年8月13日　　验收小组复核人：张小川</td></tr>
</table>

四、项目建设成效

科研楼维修改造工程项目交付使用后，明显提升了研究所的基础设施条件和科研保障能力，为研究所发展提供了条件保障。焕然一新的科研大楼，极大地增强了科研人员的积极性，为稳定科研队伍，吸引人才创造了良好的环境，为科研项目的申报和顺利完成提供了有力的保障，为研究所未来的各项事业发展打下了坚实的基础（图32、图33、图34、图35、图36、图37、图38）。

图 32　修缮前科研大楼旧貌

图 33　设施陈旧老化

图 34　修缮后科研大楼新貌

图 35　门厅

图 36　一楼大厅

图 37　楼道

图 38　实验室

室外地下管网更新改造

（2007 年）

一、项目背景

研究所室外地下管网埋设于 20 世纪 70—80 年代，由于当时分别为两个所，缺乏统一的规划布局、设计容量小。随着研究所的发展，建设规模在不断的扩大，科研、生产用房面积增大，科研任务逐年增加，工作人员也越来越多，对供水、排水、供暖等的需求较之以前有很大增加，原有地下管网系统管径过小，经常导致供水不足、排水不畅，供暖不热的情况，且经过多年使用，部分管道出现破损漏水，老式直埋铺设管网也不利于管道维护与维修。更为突出的是工作区整个大院没有室外消防设施，消防部门已多次下达整改通知，要求完善大院消防管线和设施。所以亟须进行改造增容，确保研究所科研工作顺利运转。

二、项目实施情况

（一）申报及批复情况

2007 年 8 月，研究所向主管部门上报了“室外地下管网更新改造”项目申报材料。11 月中国农业科学院下发《关于下达 2007 年中央级科学事业单位修缮购置专项资金预算的通知》（农科院财）〔2007〕426 号）文件，批准项目立项，下达经费 205 万元。2008 年 1 月，农科院转发农业部关于项目实施方案的批复，项目进入实施阶段。

（二）实施方案批复的建设内容及规模

（1）开挖马路及便道 2 500 m^2，改造大小地沟 1 500 m。

（2）改造管线 5 200 m（其中采暖管 2 300 m，给水管 750m，排水管 192m，消防管 1 958 m）。

（3）安法兰阀 236 个，丝接阀 294 个，伸缩器 12 个，法兰水表 13 块，室外消防水泵结合器 9 套，地下消火栓 13 套，采暖循环泵 2 台。

（4）消防用泵 4 台柜 1 组及部分室内消火栓箱的相关设施配套更换。

（5）增设消防、下水检查井 18 个，维修现有的上水、下水检查井。

（三）实际完成的建设内容及规模

（1）开挖马路及便道 3 200 m^2。根据沟槽内埋设的管道直径或地沟大小开挖马路，待管道或地沟施工完毕，恢复原样。

（2）作大小钢筋砼地沟 2 100 m。按沟内敷设管道量的要求作钢筋砼地沟，其中 1. 8m×1. 8m 钢筋砼地沟 1 950 m；1. 6m×1. 6m 钢筋砼地沟 150m。

（3）作各类井子 43 座。作上水阀门井 4 座、地沟检查井 10 座、下水检查井 24 座、消火栓井 5 座。

（4）敷设管线 5 488 m。制作安装管道支架 8 300 kg，更换采暖管 2 600 m（Ø159×7 无缝管 1 400 m，Ø 133×4. 5 无缝管 800m，Ø108×3. 5 无缝管），DN100 镀锌给水钢管 1 350 m，DN400 预应力钢筋砼排水管 500m，DN200 预应力钢筋砼排水管 80m，DN100 消防钢管 958m。

（5）更换法兰阀 236 个、丝接阀 294 个、伸缩器 12 个、法兰水表 13 块、室外消防水泵结合器

9套、地下消火栓13套、暖气循环泵2台；更换维修室内消火栓的相关配套设施。

（6）恢复马路及便道3 200 m^2。回填沟槽土方6 000 m^3，路面3∶7灰土垫层1 000 m^3。

工程于2008年11月6日开工，2009年2月4日竣工，按照实施方案批复的建设内容与规模，均已超额完成。

（四）项目组织管理情况

1. 组织管理机构（图39）

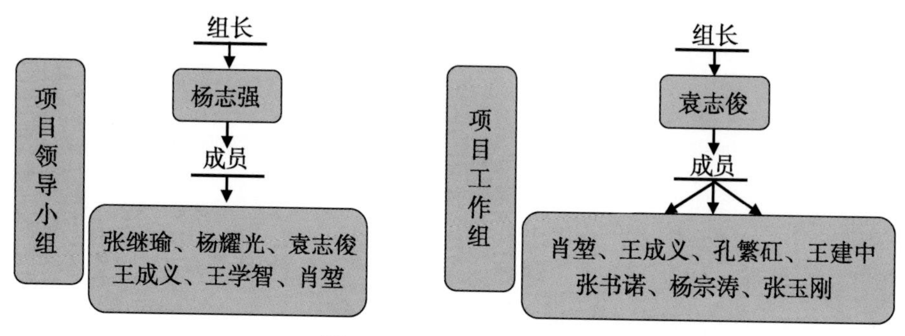

图39　组织管理机构组成

2. 参建单位及招投标情况

项目工程由甘肃省城乡规划设计研究院设计，甘肃方圆工程监理有限责任公司负责现场监理。施工单位采取公开招标方式，委托甘肃省招标中心为招标代理机构。2008年10月25日开标，经评标，甘肃省第三建筑工程公司中标并负责施工，中标通知书编号为SG620101080928102。甘肃华威建筑安装（集团）有限责任公司第二工程处负责管网改造、修建地沟、路面开挖及恢复等工程施工。

三、项目验收

（一）初步验收

2009年2月4日，研究所组织施工单位、监理单位、设计单位共同对该工程项目进行了初步验收。经验收组现场检查，准予通过验收，质量评定为合格。

（二）项目验收

受农业部科教司委托，农业部工程建设服务中心组织工程、项目管理、财务等专家，于2010年8月12—13日，对中国农业科学院兰州畜牧与兽药研究所承担的“室外地下管网更新改造”项目（项目编码：125161032201）进行验收。验收组通过听取项目情况汇报，查阅档案资料，并经质询和讨论，形成如下意见：

该项目按照《农业部中央级科学事业单位修缮购置专项资金房屋修缮类项目实施方案（2007年）》的批复要求，完成全部项目内容。增加的住宅区地下管网改造内容符合实际情况需要。工程经“四方”验收，质量合格并已投入使用。项目管理比较规范。制定了相关项目管理办法并能有效执行。项目实行转账管理，专款专用，资金使用规范、合理，未发现挤占、挪用项目资金现象。项目竣工财务决算通过甘肃浩元会计师事务所审计。档案资料齐全完整，分类立卷。

室外地下管网更新改造后，改善了研究所的基础设施条件，项目建设达到预期目标。经验收组研究，同意该项目通过验收（表10、表11）。

表 10　室外地下管网更新改造项目验收专家组名单

序号	姓名	单位	职称或职务	专业	备注
1	张小川	农业部工程建设服务中心	副主任、高级工程师	项目管理	组长
2	徐稚敏	中龙会计师事务所	所长、高级会计师	基建财务	组员
3	杨亚成	北京杰和工程咨询公司	高级工程师	工程技术	组员
4	陈　宇	农业部工程建设服务中心	工程师	工程管理	组员
5	冯建学	农业部工程建设服务中心	造价工程师	工程管理	组员

表 11　2007 年度农业部科学事业单位修购项目执行情况统计表（基础设施改造类项目）

项目名称	资金使用情况（万元）			项目完成情况												备注
				科研基地		温室		网室		旱棚		土壤改良		其他		
	预算批复	实际完成	资金执行率（%）	数量（个）	金额	数量（个）	金额	数量（个）	金额	数量（个）	金额	数量（m^2）	金额	数量（个）	金额	
室外地下管网更新改造	205	205	100											1	205	

补充说明：无

填表人：张玉刚　填表时间：2010 年 8 月 13 日　验收小组复核人：张小川

四、项目建设成效

本所区的室外地下管网更新改造后，研究所办公区域内的供水、排水和供暖效果得到了明显的提升，科研生产工作不再会因为管道破损而受到影响，所区环境也有所改善，增强了研究所的基础设施条件和科研保障能力，加强了科研人员的积极性，为研究所各项工作的顺利开展打下了坚实的基础（图 40、图 41、图 42）。

图 40　管沟开挖

图 41　铺设管线

图 42　路面恢复

综合试验站基础设施改造更新

（2007 年）

一、项目背景

研究所大洼山综合试验站建于 1984 年，占地面积 2 386 亩，拥有《国有土地使用证》。试验站内建有农业部兰州黄土高原生态环境重点野外科学观测试验站、中国农业科学院兰州黄土高原生态环境野外科学观测试验站、中国农业科学院兰州农业环境野外科学观测试验站等科技创新平台。建成了定位观测数据库、试验研究数据库、视频资料数据库和试验站本底资料库等四个共享数据库。是研究所开展农业区域环境监测、牧草新品种繁育与引种驯化、中兽药材繁育与利用等研究重要的试验基地。建站 20 余年来，在农业部、中国农科院的大力支持下，基础条件逐步改善，水、电、路、渠系等设施基本配套。但经过 20 多年的使用，大部分设施已陈旧、老化，机井多年未进行清洗、维修，耗电大，而出水量小。电路老化严重，存在安全隐患。渠系配套工程破损严重。致使许多科研项目无法深入进行，迫切需要改造升级，确保试验站顺利运转。

二、项目实施情况

（一）申报及批复情况

2007 年 8 月，研究所向主管部门上报了“综合试验站基础设施更新改造”项目申报材料。11 月中国农业科学院下发《关于下达 2007 年中央级科学事业单位修缮购置专项资金预算的通知》（农科院财）〔2007〕426 号）文件，批准项目立项，下达经费 120 万元。2008 年 1 月，农科院转发农业部关于项目实施方案的批复，项目进入实施阶段。

（二）实施方案批复的建设内容及规模

（1）2 号机井至站部线路改造 1 240 m。

（2）3 号机井至站部线路改造 1 200 m（地埋线）。

（3）2 号机井至站部上水管线改造 3 300 m。

（4）U 型渠维修 2 140 m。

（5）种子晒场硬化 4 000 m^2（分布在 1、2、3 号机井管理区内）。

（6）站部室外场地硬化及绿化 1 500 m^2。

（7）站部室外照明系统改造。

（8）站部室外排水系统改造。

（9）站部饮用水处理系统改造。

（10）牧草站平房维修（两排，20 间）。

（11）设备更新：低压配电柜 1 台，无塔水泵 1 台，变频柜 1 台，深水泵 5 台套。

（三）实际完成的建设内容及规模

（1）更换配电室至 2#井输电线路 95mm^2铝芯绝缘线共 1 200 m。

（2）更换 3#井至机具库输电线路 50mm^2铝芯绝缘线共计 750m；施工采用地埋线穿管方式。

（3）修钢筋砼“U”形渠延伸 2 100 m，维修约 40m。

（4）“U”形渠维修 2 140 m。

（5）种子晒场硬化 4 000 m^2（分布在 1、2、3 号机井管理区内）。

（6）站部室外场地硬化及绿化 1 500 m^2。

（7）站部室外照明系统改造；2# 井机房配电柜改造。

（8）站部室外排水系统改造；更换红顶屋至 2 号井上水管 400m、加压泵输水管线约 3 000 m。

（9）站部饮用水处理系统改造。

（10）牧草站平房维修（两排，20 间）。

（11）机井设备更新改造 5 台套：低压配电柜 1 台，无塔水泵 1 台，变频柜 1 台，深水泵 5 台套。无塔供水泵及其配套设备更换。

工程于 2008 年 7 月 2 日开工，2009 年 8 月 19 日竣工。按照实施方案批复的建设内容与规模，均已超额完成。

（四）项目组织管理情况

1. 组织管理机构（图 43）

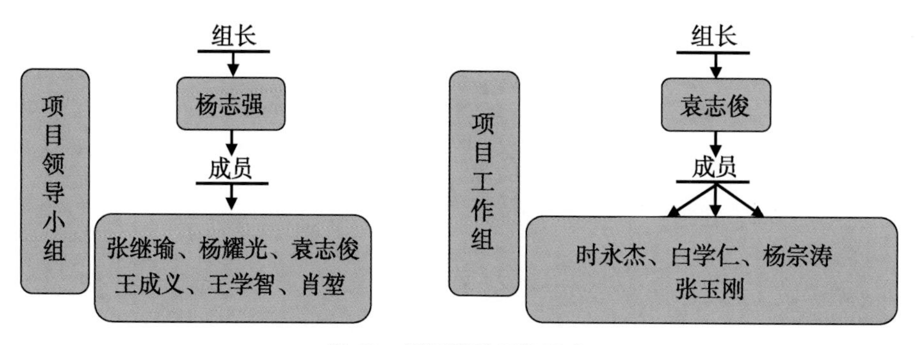

图 43　组织管理机构组成

2. 参建单位及招投标情况

项目工程由兰州陇垦建筑工程勘察设计有限公司设计，甘肃经纬建设监理咨询有限责任公司负责现场监理。施工单位采取公开招标方式，委托甘肃省招标中心为招标代理机构。2008 年 6 月 25 日开标，经评标，甘肃华威建筑安装（集团）有限责任公司第二工程处中标并负责施工，中标通知书编号 SG620101070705101。

三、项目验收

（一）初步验收

2009 年 10 月 28 日，研究所组织施工单位、监理单位、设计单位共同对该工程项目进行了初步验收，质量评定为合格。

（二）项目验收

2010 年 8 月 3 日，中国农业科学院组织专家在甘肃省兰州市对中国农业科学院兰州畜牧与兽药研究所承担的“综合试验站基础设施更新改造”项目（项目编码：125161032201）进行了验收。此前，专家组于 2010 年 7 月 24 日在甘肃省兰州市查验了项目现场情况。验收专家组听取了项目单位关于实施情况的汇报，审阅了相关资料，经质询和讨论，形成如下意见：

（1）本项目按照《农业部中央级科学事业单位修缮购置专项资金基础设施改造类项目实施方案（2007 年）》的批复进行了实施，完成了项目建设任务。

（2）中国农业科学院兰州畜牧与兽药研究所项目组织管理健全，按照项目管理办法，成立了项目领导小组，并由计财处负责项目的具体实施。项目管理程序较规范，项目实施按照国家相关法律法规执行。

（3）本项目设计单位为兰州陇垦建筑工程勘察设计有限公司，以公开招标方式确定甘肃华威建筑安装（集团）有限责任公司进行施工，同时委托甘肃经纬建设监理咨询有限责任公司负责现场监理。2009 年 10 月 28 日，经过建设、设计、监理、施工四方联合验收，质量评定为合格。

（4）经甘肃浩元会计师事务所审计，专项经费实施了转账管理、专款专用，资金使用规范，并出具了专项审计报告。

（5）项目档案资料齐全，各项手续完备。

（6）通过该项目的实施，改善了兰牧药综合试验站的基础设施条件，提升了研究所综合创新能力。

专家组一致同意通过验收（表 12、表 13）。

表 12　综合试验站基础设施更新改造项目验收专家组名单

序号	姓名	单位	职称或职务	专业	备注
1	闵顺耕	中国农业大学	教　授	分析化学	组长
2	胡守信	京开股份投资发展有限公司	高级工程师，一级结构师	工民建	组员
3	杨焕东	京都天华会计师事务所	注册会计师	会计	组员
4	李国荣	中国水稻研究所财务处	高级会计师、处长	经济管理	组员
5	王　岳	中国农业科学院哈尔滨兽医研究所	副主任	自动控制	组员

表 13　2007 年度农业部科学事业单位修购项目执行情况统计表（基础设施改造类项目）

<table>
<tr><th rowspan="3">项目名称</th><th colspan="3">资金使用情况（万元）</th><th colspan="12">项目完成情况</th><th rowspan="3">备注</th></tr>
<tr><th rowspan="2">预算批复</th><th rowspan="2">实际完成</th><th rowspan="2">资金执行率（%）</th><th colspan="2">科研基地</th><th colspan="2">温室</th><th colspan="2">网室</th><th colspan="2">旱棚</th><th colspan="2">土壤改良</th><th colspan="2">其他</th></tr>
<tr><th>数量（个）</th><th>金额</th><th>数量（个）</th><th>金额</th><th>数量（个）</th><th>金额</th><th>数量（个）</th><th>金额</th><th>数量（m^2）</th><th>金额</th><th>数量（个）</th><th>金额</th></tr>
<tr><td>综合试验站基础设施更新改造</td><td>120</td><td>120</td><td>100</td><td>1</td><td>120</td><td></td><td></td><td></td><td></td><td></td><td></td><td></td><td></td><td></td><td></td><td></td></tr>
<tr><td colspan="17">补充说明：无</td></tr>
<tr><td colspan="17">填表人：张玉刚　　填表时间：2010 年 8 月 3 日　　验收小组复核人：胡守信</td></tr>
</table>

四、项目建设成效

通过综合试验站基础设施更新改造，初步改善了综合试验站的基本条件，给排水、供电、照明、道路等基础设施水平得到了提升，灌溉渠系更加合理完善，田间配套设施得到加强，美化了试验站总体环境，增强了试验站的科技创新保障能力，为研究所科技创新研究与集成示范奠定了基础（图 44、图 45、图 46、图 47、图 48、图 49、图 50、图 51、图 52）。

图 44　实验基地初建

图 45　改造前综合试验站旧貌

图 46　原办公用房

图 47　破旧渠道

图 48　改造后综合试验站

图 49　水渠图

图 50　井房和晒场

图 51　苜蓿试验地

图 52　给排水管线

中兽医药实验大楼及药品贮存库房维修

（2008 年）

一、项目背景

研究所中兽医实验大楼 1984 年竣工，1985 年投入使用。主体 9 层，局部 9 层，建筑总高度 37. 80m，总建筑面积 6 571 m^2，属于二类高层公共建筑。药品贮存库房修建于 1988 年，砖木结构，二层，建筑面积 420m^2。大楼建成 20 多年来，主要服务于研究所传统中兽医临床与现代化、中兽药药理学与毒理学、中兽药资源保护与利用等科研开发工作。为研究所中兽医药相关科技创新工作提供了极大的条件支撑和保障作用。依托中兽医药实验大楼孕育出了大量优秀的科研成果，培养了大量优秀的兽医科研人才，为我国中兽医药学发展做出了重要贡献。

由于 20 世纪 80 年代建筑标准较低，中兽医药实验大楼建造时在材料上、功能布局上、试验室配套设施标准上都只能达到普通实验室标准，已不能适应现代化科研工作的需求。再加上经过 20 多年的使用，楼内外设施老化陈旧，内外墙面、地面破损严重，外观陈旧，老式门窗已出现变形，脱落；原有建筑立面马赛克瓷砖和外墙面砖破损脱落严重，局部裂缝、外观破旧，砖片经常脱落影响行人的安全。建筑内部瓷砖、墙裙、墙面、地面破损不堪，卫生洁具陈旧，相当一部分破裂透漏，使用功能和卫生程度上也受到了很大影响。水、电、暖设施陈旧，布局也不合理。1~8 层消防设施严重缺陷，根本无法达到消防的要求。为了加快研究所现代化进程，维修改造中兽医药实验大楼势在必行。维修后的实验楼及药品贮存库房，必将促进研究所兽医（中兽医）、兽药、畜禽遗传育种、动物资源保护、草业和动物营养科学的研究水平和能力，解决我国畜牧兽医行业发展缓慢的矛盾，提高畜牧兽医行业的市场转化能力，让畜牧兽医行业在改善和提高人民生活水平中发挥更大的作用。

二、项目实施情况

（一）申报及批复情况

2007 年 9 月，研究所向主管部门上报了“中兽医药实验大楼及药品贮存库房维修”项目申报材料。2008 年 5 月中国农业科学院下发《关于下达 2008 年中央级科学事业单位修缮购置专项资金预算的通知》（农科办财）〔2008〕66 号）文件，批准项目立项，下达经费 455 万元。2008 年 6 月，农科院转发农业部关于项目实施方案的批复，项目进入实施阶段。

（二）实施方案批复的建设内容及规模

实验楼及库房维修面积合计 6 320 m^2。其中实验楼门厅维修装饰 75m^2，外墙粉平压光刷防水涂料，局部贴石材挂铝塑板 3 620 m^2，室内墙面普通涂料刷白，地面辅地砖，顶面轻钢龙骨石板吊顶 15 600 m^2，更换门窗 1 300 m^2；更换原有木制弹璜门 40m^2，屋面维修 820m^2，室内给排水维修改造 4 860 m^2；室内消防维修及改造 4 860 m^2；增加喷淋灭火及消火栓 4 860 m^2，更换 12m^2 消防水箱，增设喷淋头 124 个，消火栓 25 套，增设烟感探测器 182 只，感温探测器 2 只。供配电改造及维修：更换配电柜 4 组；楼层更换照明及插座配电箱各 8 台；更换主电缆规格（4×25+1×16）120m；更换实验楼内所有灯具、插座、开关；安装安全出口指示灯；增加低压布线系统 4 860 m^2；

增加监控摄像头17台；有线电视布点194点；增加液晶显示屏1组；采暖系统维修4 860 m^2，更换DN20镀锌管295m、更换DN25镀锌管1 397 m；更换电梯一部。库房修缮：更换彩钢板屋面214.5m^2；更换钢窗82m^2；外墙面粉平压光刷防水涂料；内墙面及顶棚重新粉刷；地面修复。

（三）实际完成的建设内容及规模

1. 修缮中兽医实验大楼建筑面积5 614.5 m^2，8层建筑高度为33.4m。

2. 墙面，铲除原墙面粉刷层，涂料粉刷墙面除卫生间外所有房间和共同走道。

（1）原水刷石墙面重新抹灰，收平，涂刷氟碳漆罩面。

（2）1~8层电梯门套干挂石材。

（3）大厅墙面干挂石材、北立面墙裙干挂石材，南立面贴200mm×400mm文化砖。

3. 地面工程

拆除原有水磨石面层，大厅及公共走廊，作沙浆垫层铺800mm×800mm地砖，主楼梯拆除原有水磨石面层，铺25mm厚度的白麻花岗岩。楼梯台阶，卫生间铺300mm×300mm防滑地板砖，室外台阶铺白麻花岗岩。

4. 吊顶工程

走道做桥架布线，楼内公共走廊房间做600mm×600mm吸音矿棉板吊项。楼内安装消防烟感，喷淋及楼道内安装消火栓，大厅及会议室作石膏吊顶，卫生间为300mm×300mm铝扣板吊顶。

5. 门窗工程

拆除原有窗户，制作安装窗套，中空玻璃电泳涂漆铝合金推拉窗。拆除原有木门，制作安装门套、安装木饰面免漆门和智能卡式锁。拆除原有走廊进户门连窗。走廊窗户洞口用空芯机砖砌墙，灰浆抹平。走廊两端安装乙级防火门。

6. 更换蒂森电梯1部。

7. 安装工程

（1）更换维修给排水全部系统。

（2）拆卸暖气片除渣，清污、重新安装，更换部分阀门和管道。暖气罩面喷漆，重新装配。

（3）拆除原有用电线路及灯具，增加总的供电容量，更换线路，室内外分别安装格栅及吸顶灯，改造配电室，更新2组低压柜，增设安全保护设施。

（4）改造了消防系统，更换所有管线，增设喷淋、烟感、报警设施，楼内安装消防系统达到了消防部门新的规范和要求。

（5）中兽医实验大楼药品贮存库房：屋面人字梁脊檩位置1米间距加作40m三角钢，做两个泼水100mm厚度彩钢夹芯板。墙体部分刷外墙涂料饰面。用厚度100mm彩钢夹芯板封闭凉台，做塑钢推拉窗。1楼进库房门木制门改作钢制防盗门。库房修缮总面积420m^2。

8. 零活工程：维修实验楼前下沉地坪和实验楼部分散水。

项目工程于2009年2月15日开工，2009年6月8日完工，按照文件批复建设内容与规模，已超额完成。

（四）项目组织管理情况

1. 组织管理机构（图53）

2. 参建单位及招投标情况

项目工程由兰山装饰设计工程公司设计，甘肃方圆工程监理有限责任公司负责现场监理。施工单位采取公开招标方式确定。2008年12月26日开标，经评标，兰山装饰设计工程公司中标并负责施工，中标通知书编号SG620101081112101。电梯设备采购及安装工程由蒂森电梯有限公司兰州分公司中标，中标通知书编号为SG62010108—15。

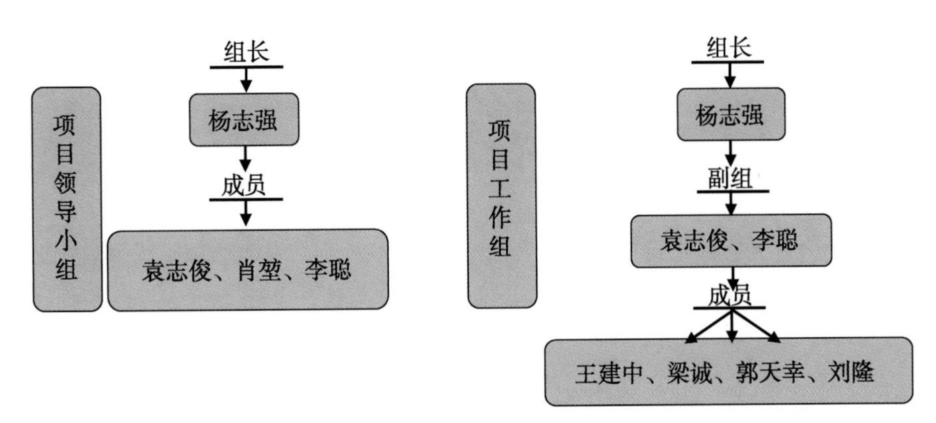

图 53　组织管理机构组成

三、项目验收

（一）初步验收

2009 年 7 月 8 日，研究所组织施工单位、监理单位、设计单位共同对该工程项目进行了初步验收，质量评定为合格。2009 年 8 月 13 日由甘肃省特种设备检验研究中心对电梯设备进行验收，质量评定合格，并出具验收报告（编号：3110—0908—007 号）。

（二）项目验收

受农业部科教司委托，农业部工程建设服务中心组织工程、项目管理、财务等专家，于 2010 年 8 月 12—13 日，对中国农业科学院兰州畜牧与兽药研究所承担的“中兽医药实验大楼及药品贮存库房维修”项目（项目编码：125161032101）进行验收。验收组通过听取项目情况汇报，查阅档案资料，并经质询和讨论，形成如下意见：

该项目按照《农业部中央级科学事业单位修缮购置专项资金房屋修缮类项目实施方案（2008 年）》的批复要求，完成全部项目内容。增加的住宅区地下管网改造内容符合实际情况需要。工程经“四方”验收，质量合格并已投入使用。项目管理比较规范。落实了项目法人责任制、招投标制、监理制和合同制；项目实行转账管理，专款专用，资金使用规范、合理，未发现挤占、挪用项目资金现象。项目竣工财务决算通过甘肃立信会计师事务所审计。项目档案资料齐全完整，分类立卷，管理规范。

该项目的实施改善了研究所的科研基础设施和办公环境，促进了开发创新能力，实现了预期目标。经验收组研究，同意该项目通过验收（表 14、表 15）。

表 14　中兽医药实验大楼及药品贮存库房维修项目验收专家组名单

序号	姓名	单位	职称或职务	专业	备注
1	张小川	农业部工程建设服务中心	副主任、高级工程师	项目管理	组长
2	徐稚敏	中龙会计师事务所	所长/高级会计师	基建财务	组员
3	杨亚成	北京杰和工程咨询公司	高级工程师	工程技术	组员
4	陈　宇	农业部工程建设服务中心	工程师	工程管理	组员
5	冯建学	农业部工程建设服务中心	造价工程师	工程管理	组员

表 15　2008 年度农业部科学事业单位修购项目执行情况统计表（房屋修缮类项目）

项目名称	资金使用情况（万元）			项目完成情况							备注
	预算批复	实际完成	资金执行率（%）	实施方案批复修缮面积	实际完成修缮面积（m^2）					项目执行率（%）	
					小计	科研用房	办公室用房	公共服务用房	设备用房		
中兽医药实验大楼及药品贮存库房维修	455	455	100	6 320	6 320	6 320	0	0	0	100	
补充说明：无											
填表人：张玉刚　填表时间：2010 年 8 月 13 日　验收小组复核人：张小川											

四、项目建设成效

项目实施后，中兽医药实验大楼面貌焕然一新，基础设施水平显著提升，科研保障能力进一步加强。修缮后大楼内实验室环境美观，布局合理，水电暖设施全部更新，消防系统更加完善，保障了科研工作安全、有序、高效的进行，有效地提升了本研究所的科研能力，为研究所向国际一流科研单位迈进提供了有力支持（图 54、图 55、图 56、图 57、图 58、图 59、图 60、图 61、图 62、图 63、图 64、图 65）。

图 54　中兽医药实验大楼旧貌

图 55　药品储存库房旧貌

图 56　过道

图 57　门窗

图 58　墙面

图 59　卫生间

图 60　老旧的内部设施

图 61　修缮后外观

图 62　门厅

图 63　一楼大厅

图 64　办公区走廊

图 65　实验室

消防设施配套

（2009 年）

一、项目背景

研究所办公区建筑物大部分修建于 20 世纪 80 年代，建筑面积约 38 000 m^2，建筑物楼层多为 8~10 层，由于当时资金短缺及国家对建筑物的消防安全要求标准不高，室外消防设施配套就更谈不上。办公、科研区域的消防长期处于不达标状态，消防用水数量无法应对突发的火灾事故。近年来，国家对消防安全的要求逐日提高，尤其研究所开展化学合成药物的研究、中试，属于火灾高发单位，为防止发生重特大事故，各级地方职能部门加大了消防安全设施的检查力度，在对办公区的消防设施进行实地察看后，认为原有的消防设施过于简陋，消防等级太低，无法达到新的防火规范和标准，多次敦促改进现有的消防设施，具体要求是在办公区室外增设地下消防蓄水池，并提出相应的修建方案，配套完善相关设施，使科研、办公区域消防达到重点防火单位的消防安全标准，从而彻底消除火灾隐患，确保科研工作顺利地进行。

二、项目实施情况

（一）申报及批复情况

2008 年 6 月，研究所向主管部门上报了“消防设施配套”项目申报材料。2009 年 4 月中国农业科学院下发《关于下达 2008 年中央级科学事业单位修缮购置专项资金预算的通知》（农科院财〔2009〕109 号）文件，批准项目立项，下达经费 125 万元。同月，农科院转发农业部关于项目实施方案的批复，项目进入实施阶段。

（二）项目实施方案批复的建设内容及规模

1. 土建部分

平整场地 950m^2，挖土方 999. 4m^3，修建 500m^3 消防专用蓄水池一座，控制设备用房 40m^2，散水 80m^2，场地恢复硬化 300m^2。

2. 安装部分

消火栓泵 2 台，自动喷淋泵 2 台，潜污泵 2 台，焊接钢管 DN100/7m，镀锌钢管 DN150/8m，管道连接 55m，止回阀 7 个，阀门 14 个，压力表 1 个，防水套管 11 个。

3. 电器部分

配电箱 2 台，双电源切换箱一个，各种灯具 12 套，各种开关 3 套，控制器一台，安全型三极暗装插座 4 套，插座箱一套，多线控制盘一只，消防电话主机一台。

（三）实际完成的建设内容及规模

1. 土建部分

平整场地 950m^2，挖土方 999. 4m^3，修建 500m^3 消防专用蓄水池一座，水泵房 92. 08m^2、控制设备用房 48. 38m^2，散水 80m^2，场地恢复硬化 335m^2，安装道牙 32m。

2. 安装部分

消火栓泵 2 台，自动喷淋泵 2 台，潜污泵 2 台，焊接钢管 DN 150 个/8m，管道连接 55 m，止回阀7个，阀门14个，压力表1个，防水套管11个，安装蓄水池安全防护栏179.2m^2。

3. 电器部分

配电箱2台，双电源切换箱一个，各种灯具12套，各种开关3套，控制器一台，安全型三极暗装插座4套，插座箱一套，多线控制盘一只，消防电话主机一台。

埋设连接东、西两幢科研楼消防控制信号线250m；埋设YJV22-3×150+1铜芯电缆220m。

工程于2009年6月30日开工，2009年9月20日竣工，已超额完成工程内容。

（四）项目组织管理情况

1. 组织管理机构（图66）

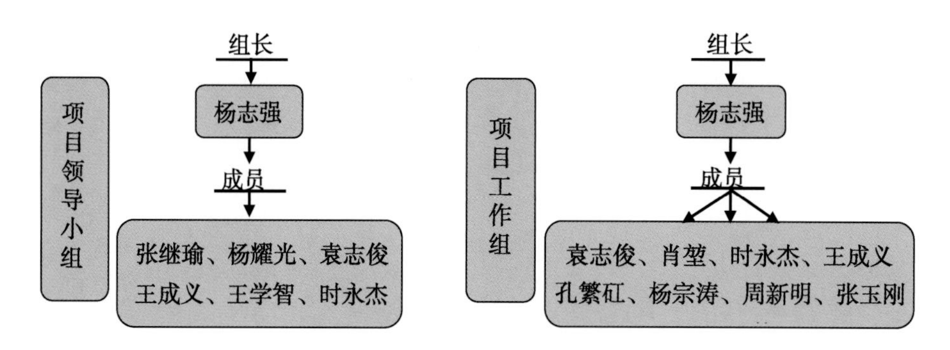

图66　组织管理机构组成

2. 参建单位及招投标情况

项目工程由兰州鸿业建筑设计研究院设计，甘肃省通信产业工程监理有限公司负责现场监理。施工单位采取公开招标方式，甘肃省第二建筑工程公司中标并负责施工，中标通知书编号为SG620101090508101。与甘肃华威建筑安装（集团）有限责任公司第二工程处签订合同，负责消防蓄水池安全防护栏安装施工。

三、项目验收

（一）初步验收

2010年7月19日，研究所组织施工单位、监理单位、设计单位共同对该工程项目进行了初步验收，质量评定为合格。

（二）项目验收

2011年9月18—20日，中国农业科学院组织专家在兰州对中国农业科学院兰州畜牧与兽药研究所承担的“消防设施配套”项目（项目编号125161032201）进行了验收，专家组听取了项目单位关于项目实施情况的汇报，查验了现场，审阅了相关资料，经质询和讨论，形成如下意见：

（1）项目按照《农业部中央级科学事业单位修缮购置专项资金基础设施改造类项目实施方案》（农办科［2009］18号）的批复组织实施，完成项目全部内容。

（2）项目组织管理健全，按照项目管理办法，成立了项目领导小组，并由专门部门负责项目的具体实施。项目管理程序较规范，项目实施按照国家相关法律法规执行。

（3）项目实施过程中，由兰州鸿业城市设计有限公司设计，经公开招标，甘肃省第二建筑工程公司中标并负责施工，甘肃省通信产业工程监理有限公司负责现场监理。工程于2009年6月30日开工，于2009年9月20日竣工，2010年7月19日竣工验收。

（4）经甘肃立信会计师事务所财务审计，财务管理情况良好，专项经费实行了专账管理、专款专用，资金使用合理规范。

（5）项目档案资料齐全，各项手续较完备。

（6）项目完成后，使本所两栋科研楼实现了消防联动，初步改善了控制范围内的火灾安全隐患，为科研工作奠定了安全基础。

专家组一致同意通过验收（表16、表17）。

表16 消防设施配套项目验收专家组名单

序号	姓名	单位	职称或职务	专业	备注
1	顾利民	中国科学院植物研究所	研究员	生 物	组长
2	曹曙明	农业部南京农业机械化研究所	研究员	工程管理	组员
3	胡守信	河北省保定市城乡建筑设计院	高级工程师	工民建	组员
4	杨焕冬	京都天华会计师事务所	注册会计师	财 政	组员
5	李国荣	中国水稻研究所	高级会计师	财务管理	组员

表17 2009年度农业部科学事业单位修购项目执行情况统计表（基础设施改造类项目）

项目名称	资金使用情况（万元）			项目完成情况												备注
				科研基地		温室		网室		旱棚		土壤改良		其他		
	预算批复	实际完成	资金执行率（%）	数量（个）	金额	数量（个）	金额	数量（个）	金额	数量（个）	金额	数量（m^2）	金额	数量（个）	金额	
消防设施配套	125	125	100											1	125	

补充说明：无

填表人：邓海平　　填表时间：2011年9月20日　　验收小组复核人：胡守信

四、项目建设成效

通过消防设施配套项目的实施，使两幢科研楼实现了消防联动，初步改善了控制范围内的火灾安全隐患，为科研工作奠定了安全基础（图67、图68、图69、图70、图71、图72、图73、图74）。

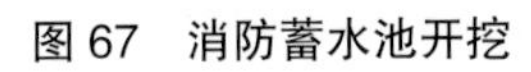

图 67　消防蓄水池开挖

图 68　蓄水池墙体砌筑

图 69　防水层施工图

图 70　混凝土内池壁施工

图 71　消防管道安装

图 72　消防水池封顶

图 73　场地恢复

图 74　维修后的消防水泵房

综合试验站生活用水设施配套

（2009 年）

一、项目背景

研究所大洼山综合试验站建于 1984 年，距所区 8km，占地面积 2 386 亩，拥有《国有土地使用证》。试验站内建有农业部兰州黄土高原生态环境重点野外科学观测试验站等多个科技创新平台。是研究所开展农业区域环境监测、牧草新品种繁育与引种驯化、中兽药材繁育与利用等研究重要的试验基地。综合试验站成立 20 余年来，由于早期资金投入较少，试验站一直在低水平下维持运转，条件虽差，但仍然坚持完成了试验站的各项研究实验任务。2000 年以来，随着综合试验站资金投入的不断增加，试验站的实验条件得以改善，各项试验与研究设施得到了改善，试验站的研究与实验任务也随着增加，试验站承担的研究项目逐年增多，科研人与数量猛增，实验研究与生活用水压力随之增大。综合试验站现有机井三眼，由于其水质只适于田间灌溉使用而不适于人畜饮用，试验站工作人员的生活用水，一直依靠从研究所本部的城市自来水管网上向试验站拉运解决，试验站的工作人员饮水一直以来都是实验站必须解决的问题。随着农业部兰州黄土高原生态环境重点野外科学观测试验站、新兽药 GMP 车间和标准化动物实验场的建成，综合实验站必将成为国家野外台站网络系统的有机组成部分，也将成为研究所承担国家相关研究项目的重要实验研究基地。在实验站从事科研和管理的人员数量已达到 30 余人，依靠汽车拉运解决综合实验站工作人员的生活用水问题，既浪费大量的人力、物力和财力，又无法满足工作人员的生活需要。尽快解决试验站工作人员的生活用水问题已成为保障实验研究项目顺利实施的重要条件。

为了从根本上解决综合实验站工作人员的生活用水问题，经研究所多次与兰州市供水（集团）有限公司申请，最终获得批复同意试验站从兰州市城区供水管网接入，并通过供水管道向综合试验站供应自来水。

二、项目实施情况

（一）申报及批复情况

2008 年 6 月，研究所向主管部门上报了“综合试验站生活用水设施配套”项目申报材料。2009 年 4 月中国农业科学院下发《关于下达 2008 年中央级科学事业单位修缮购置专项资金预算的通知》（农科院财〔2009〕109 号）文件，批准项目立项，下达经费 160 万元。同月，中国农业科学院转发农业部关于项目实施方案的批复，项目进入实施阶段。

（二）实施方案批复的建设内容及规模

路面开挖 600m，山坡管沟开挖 300m，辅设上水铸铁管 890m，其中 DN200 铸铁管 560m，DN100 铸铁管 330m，焊接钢管 DN200/60m，DN100/20m，DN80/10m，路面破挖与恢复 885m^2，修各种检查井 7 个，管道穿越洪沟架空 20m，安装泄水三通一个，排气三通一个，钢制三通一个，地下式消火栓 4 个，钢制弯头 6 个，排气用闸阀 2 个，钢制法兰 7 副，安装闸阀 7 个，管道试压，消毒冲洗。

（三）实际完成的建设内容及规模

路面开挖 928m，山坡管沟开挖 389m，辅设上水铸铁管 928m，其中 DN200 铸铁管 580m，

DN100 铸铁管 348m，焊接钢管 DN100/389m，路面破挖与恢复 $910m^2$，修建井室共 11 座，其中阀门井 5 座，水表井 2 座，消防井 2 座，排气井室 1 座，泄水井室 1 座。管道穿越洪沟架空 28m，安装泄水三通 1 个，排气三通 1 个，钢制三通 3 个，地下式消火栓 2 套，钢制弯头 6 个，排气用闸阀 1 个，排气阀 1 个，钢制法兰 9 副，安装闸阀 9 个。管道试压 1.0MPa，以 1.0m/s 的冲洗水消毒冲洗至水质化验合格，检验结果符合设计及规范要求，冲洗试验合格。

项目工程于 2009 年 8 月 28 日开工，2009 年 10 月 20 日竣工。

（四）项目组织管理情况

1. 组织管理机构（图 75）

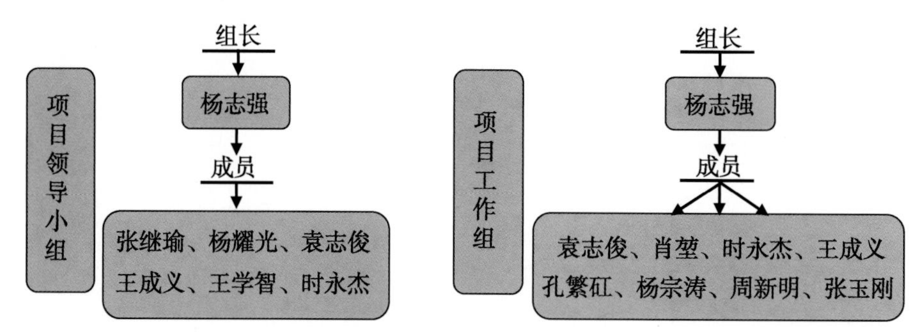

图 75　组织管理机构组成

2. 参建单位及招投标情况

该项目工程属供水工程，为供水集团公司独家经营。项目设计、施工均由集团公司承担所以项目。所以本项目实施由供水集团指定单位兰州自来水工程设计事务所设计，兰州金正建设监理有限公司负责现场监理，兰州威立雅水务（集团）有限责任公司负责实施。

三、项目验收

（一）初步验收

2009 年 12 月 3 日，研究所组织施工单位、监理单位、设计单位共同对该工程项目进行了初步验收，质量评定为合格。

（二）项目验收

2011 年 9 月 18—20 日，中国农业科学院组织专家在兰州对中国农业科学院兰州畜牧与兽药研究所承担的“综合试验站生活用水设施配套”项目（项目编号 125161032202）进行了验收，专家组听取了项目单位关于项目实施情况的汇报，查验了现场，审阅了相关资料，经质询和讨论，形成如下意见。

（1）项目按照《农业部中央级科学事业单位修缮购置专项资金基础设施改造类项目实施方案》（农办科［2009］18 号）的批复组织实施，完成项目全部内容。

（2）项目组织管理健全，按照项目管理办法，成立了项目领导小组，并由专门部门负责项目的具体实施。项目管理程序较规范，项目实施按照国家相关法律法规执行。

（3）本项目由兰州自来水工程设计事务所设计，兰州金正建设监理有限公司负责现场监理。由甘肃宏远建筑机械化工程有限公司负责施工，项目于 2009 年 8 月 28 日开工，于 2009 年 10 月 20 日竣工，并于 2009 年 12 月 3 日通过了竣工验收。

（4）经甘肃立信会计师事务所财务审计，财务管理情况良好，专项经费实行了专账管理、专款专用，资金使用合理规范。

（5）项目档案资料齐全，各项手续较完备。

（6）项目完成后，根本上解决了综合试验站生活用水和科研试验用水问题，为综合试验站实验研究项目的实施提供了基础保障。

专家组一致同意通过验收（表 18、表 19）。

表 18　综合试验站生活用水设施配套项目验收专家组名单

序号	姓名	单位	职称或职务	专业	备注
1	顾利民	中国科学院植物研究所	研究员	生　物	组长
2	曹曙明	农业部南京农业机械化研究所	研究员	工程管理	组员
3	胡守信	河北省保定市城乡建筑设计院	高级工程师	工民建	组员
4	杨焕冬	京都天华会计师事务所	注册会计师	财　政	组员
5	李国荣	中国水稻研究所	高级会计师	财务管理	组员

表 19　2009 年度农业部科学事业单位修购项目执行情况统计表（基础设施改造类项目）

项目名称	资金使用情况（万元）			项目完成情况												备注
	预算批复	实际完成	资金执行率（%）	科研基地		温室		网室		旱棚		土壤改良		其他		
				数量（个）	金额	数量（个）	金额	数量（个）	金额	数量（个）	金额	数量（m^2）	金额	数量（个）	金额	
综合试验站生活用水设施配套	160	160	100	1	160											

补充说明：无

填表人：邓海平　填表时间：2011 年 9 月 20 日　验收小组复核人：胡守信

四、项目建设成效

综合试验站生活用水设施配套项目的实施，使大洼山综合试验站告别了依靠车拉人提才能喝到水的窘境，试验站工作人员和科研人员的基本生活用水得到了有效保障，日常科研和生产工作效率大大提升，为大洼山综合试验站健康、有序、科学的可持续发展提供了强有力的基础保障（图 76、图 77、图 78、图 79、图 80）。

图 76　路面开挖起点

图 77　砌筑各类井室（左右）

图 78　管道穿越洪沟图

图 79　管道上山起点

图 80　科研生活用水更加便捷

锅炉煤改气

（2010 年）

一、项目背景

“十一五”规划前，兰州市属全国环境污染最严重的城市之一，常年在国家环境监测部门发布的城市污染指数排名中位列前茅，特别是在冬季取暖期间，受地理和环境气候因素以及燃煤供暖方式影响，污染指数长期“爆表”。为了有效治理污染，兰州市政府在“十一五”期间着力推行“兰天工程计划”，积极利用本地优势资源，重点执行燃煤锅炉限期改造为燃气锅炉政策。通过多年的努力，已到了攻坚阶段。研究所由于经费紧张，一直无法执行政策要求的锅炉煤改气项目，2008 年兰州市环保部门征对研究所以红头文件的形式，下达了在规定期限内要将现有的燃煤锅炉改造为燃气锅炉的要求，否则将对研究所现有锅炉进行查封。锅炉煤改气项目的实施刻不容缓。

同时，随着研究所的发展，所区内建筑规模在不断的增加，供暖仅依靠一台 10 吨燃煤锅炉支撑，在供暖负荷方面已存在严重不足。原有锅炉房建于 20 世纪 80 年代初，经过 20 多年使用已相当破旧，水电管网老化严重，消防不配套，其他配套设施也不能正常运行，已无法满足研究所供暖需求，严重影响了日常生活和科研工作的正常进行。由此，研究所提出了“锅炉煤改气”项目规划，重新改造现有锅炉房，购置新型燃气锅炉，更换配套设施，确保达到政策的要求和科研、生活的需求。

二、项目实施情况

（一）申报及批复情况

2009 年 5 月，研究所向主管部门上报了“锅炉煤改气”项目申报材料。2010 年 4 月中国农业科学院下达《关于转发〈农业部办公厅关于农业部科学事业单位修缮购置专项资金项目实施方案的批复〉的通知》（农科办财〔2010〕36 号）文件，批准项目立项进入实施阶段，下达经费 665 万元。

（二）实施方案批复的建设内容及规模

1. 土建部分

研究所原有燃煤锅炉房占地面积 755.31m^2，总建筑面积：929.32m^2。煤改气工程实施后燃气锅炉房占地面积 460m^2，总建筑面积：632.8m^2。室内外高差为 150 毫米，建筑高度为 7.15 米。土建开挖土方量 5 213 m^3，回填土方量 4 944 m^3，三材用量为水泥 161.679 吨，木材 12.672m^3，钢材 97.975 吨。

2. 安装部分

煤改气工程实施后燃气锅炉房内新上 2 台 4.2MW 和 1 台 2.8MW 燃气热水锅炉（每台锅炉单独配套燃烧器和电脑控制器）。供热面积为 $12\times10^4m^2$。辅助设备为 20m^3水箱 1 座，循环水泵 2 台、补水泵 2 台，20m^3/h 软水器 1 台，20m^3/h 除氧器 1 台，Ø500 分集水器各 1 台，DN300 卧式角通除污器 1 台，Ø600，H＝20m 钢制烟囱 2 根，Ø500，H＝20m 钢制烟囱 1 根。旋翼湿式水表 1 个，水表井 1 座，蹲式大便器 3 套，洗脸盆 2 个，小便器 2 个，DN50 地漏 3 个，De160UPVC 管 30m，

De110UPVC 管 10m，De32PP-R 管 35m，De25PP-R 管 15m，DN100 焊接钢管 120m，手提式磷酸铵盐干粉灭火器 8 具，室内消火栓 3 套，室外水泵接合器 2 套，室外消火栓 2 套。四柱 760 型散热器 233 片，卧式自动排气阀 2 个，DN20 截至阀 24 个，DN50 截至阀 2 个，DN20 焊接钢管 180m，DN25 焊接钢管 25m，DN32 焊接钢管 40m，DN40 焊接钢管 55m，DN50 焊接钢管 60m，BT-35 防爆轴流风机 4 台，SF5277 型百叶窗式排风扇 2 台。

3. 燃气土建部分

燃气管道开挖土方量 1 180 m^3，回填土方量 1 062 m^3。

4. 燃气安装部分

LHQZ-III-100IC 卡气体智能涡轮流量计 2 台，LWQZ-III-150AIC 卡气体智能涡轮流量计 3 台，DN150 桶式过滤器 4 台，DN250 电磁阀 1 台，燃气报警器探头 14 个，DN250 涡轮传动球阀 2 个，DN150 涡轮传动球阀 8 个，2 300Nm^3/h 调压柜 1 台，100 Nm^3/h 调压柜 1 台，DN200 钢阀门井 2 座，Φ273×6 无缝钢管 30m，Φ219×6 无缝钢管 295m，Φ159×5 无缝钢管 65m，DN32 焊接钢管 70m。

（三）实际完成的建设内容及规模

1. 土建部分

改建锅炉房 481.7m^2，维修改造旧锅炉房 285.3m^2，铁艺围墙 38.2m，铁艺大门一副，修建彩钢板库房 110m^2，修建 1.8m×1.8m 混凝土给排水管网地沟 15m，1.2m×1m 电缆地沟 73m，硬化锅炉房院坪道路 1 506 m^2。

2. 安装部分

安装 4.2MW 燃气热水锅炉 2 台，2.8MW 燃气热水锅炉 1 台，4.2MW 燃烧机 2 台，2.8MW 燃烧机 1 台，燃气调压箱 1 台，燃烧机消声器 3 台，动力配电柜 1 台，变频器柜 2 台，操作控制柜 3 台，自动控制电脑 4 台，燃气泄漏检漏仪 2 台，循环热水泵 3 台，补水泵 3 台，软水器 1 套，除氧器 1 台，20t 软水水箱 1 个，分水器 1 台，集水器 1 台，除污器 1 台，自动控制三通电动阀 1 个，300mm 流量计 1 个，100mm 流量计 1 个，防爆风机 5 台，压力传感器 10 个，温度传感器 15 个，氧化锆传感器 3 个，视频监控系统 1 套，压力表 32 块，Ø600/20m 不锈钢烟囱 3 根。

管材 Ø300mm 使用了 76m，Ø250mm 使用了 26m，Ø200mm 使用了 74m，Ø150mm 使用了 46m,，Ø100mm 使用了 66m，Ø80mm 使用了 15m，Ø65mm 使用了 28m，Ø50mm 使用了 15m，Ø40mm 使用了 100m，Ø25mm 使用了 46m，Ø20mm 使用了 45m，Ø15mm 使用了 30m，DE25PP-R 管使用了 14m，Ø100mm 铸铁管使用了 50m，Ø65mm 铸铁管使用了 5.5m。

阀门 DN300mm 安装 4 个，DN250mm 安装 5 个，DN200mm 安装 10 个，DN150mm 安装 8 个，DN100mm 安装 6 个，DN65mm 安装 6 个，DN50mm 安装 9 个，DN40mm 安装 4 个，DN32mm 安装 3 个，DN25mm 安装 30 个，DN6mm 安装 2 个，压力表旋塞阀安装 32 个，逆止阀安装 DN200mm 5 个，DN150mm 安装 2 个，DN65mm 安装 2 台。

暖气片 16 组，洗脸盆 1 个，拖布池 2 个，蹲便器 2 个，热交换器 2 个，淋浴喷头 1 个。

3. 燃气土建部分

敷设燃气管道 350m，修建阀门井一座，修建调压柜底座一处。

4. 燃气安装部分

燃气泄漏报警系统 1 套，250mm 燃气电磁阀 1 个，250mm 涡轮传动球阀 1 个，150mm 涡轮传动球阀 6 个，150mm 燃气过滤器 3 个，ZD150-II 型 IC 卡智能燃气表 3 块，LWQZ-（150AZ）气体流量计 3 个，燃气调压柜一台。

工程于 2010 年 5 月 15 日开工，2010 年 10 月 20 日竣工。顺利完成全部工程内容。

（四）项目组织管理情况

1. 组织管理机构（图 81）

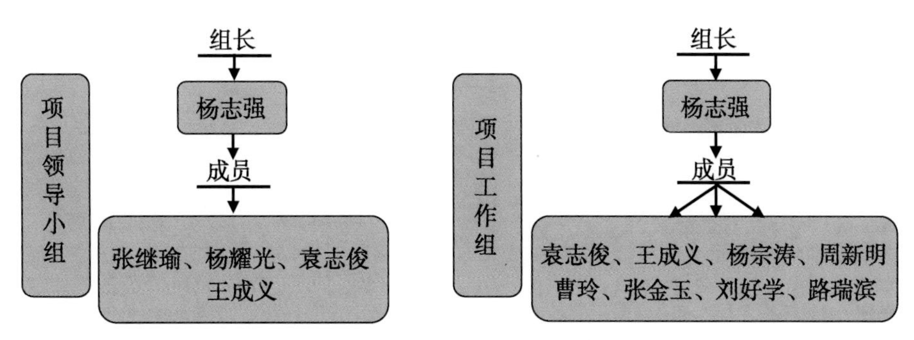

图 81　组织管理机构组成

2. 参建单位及招投标情况

本工程由甘肃省城乡工业设计院有限公司设计，甘肃金城建设监理有限责任公司负责现场监理。工程施工单位通过公开招标确定。其中，第一标段（锅炉房修建、锅炉房设备安装）由甘肃第三建筑工程公司中标并负责施工，中标通知书编号为：SG620101100412101；第二标段（锅炉设备采购）由南通万达锅炉股份有限公司中标供货，中标通知书编号为 SB620101100412102。燃气设备由兰州燃气化工集团燃气器具供销有限公司供货，燃气管网敷设由兰州燃气化工集团建筑安装有限公司施工。与兰州历江建筑工艺设备安装有限责任公司签订分包合同，负责锅炉设备及附件安装调试。与甘肃第六建筑工程股份有限公司第二工程公司签订合同，负责锅炉房围墙、大门、院坪硬化、库房工程施工。

三、项目验收

（一）初步验收

2011 年 9 月 1 日，研究所组织施工单位、监理单位、设计单位共同对该工程项目进行了初步验收，质量评定为合格。

（二）项目验收

受农业部科教司委托，农业部科技发展中心组织工程技术、项目管理和财务方面专家组成验收组，于 2013 年 9 月 6—8 日对中国农业科学院兰州畜牧与兽药研究所承担的“锅炉煤改气”（项目编号 125161032201）进行了验收，按照《农业部中央级科学事业单位修缮购置专项资金修缮改造项目验收办法（试行）》规定，验收组听取了项目执行情况汇报、查验了项目现场，查阅了工程和财务档案资料，经过质询讨论，形成验收意见如下。

（1）项目按照批复的实施方案完成了“锅炉煤改气”建设内容。调整的部分建设内容符合项目功能和项目现场实际。工程完工后经项目单位、设计单位、监理单位和施工单位联合验收，质量合格。锅炉煤改气工程完成后已投入使用三个采暖期，运行良好。

（2）项目落实了法人责任制，执行了招投标制、合同制和监理制，项目实施管理较规范。

（3）项目经费使用情况业经甘肃立信会计师事务有限公司审计并出具审计报告。资金管理和使用符合《中央级科学事业单位修缮购置专项资金管理办法》及有关规定。

（4）项目档案资料齐全基本齐全并已分类立卷。

通过该项目的实施，所区环境得到改善。

经研究，验收组同意该项目通过验收（表 20、表 21）。

表 20　锅炉煤改气项目验收专家组名单

序号	姓名	单位	职称或职务	专业	备注
1	宋　薇	农业部工程建设服务中心	高级工程师、处长	工程	组长
2	杨保城	农业部规划设计研究院	高级工程师	工程	组员
3	王义明	中国农业科学院农业信息研究所	研究员、处长	财务	组员
4	陈玮莹	农业部农机推广总站	副高、副处长	财务	组员
5	蔡彦虹	农业部科技发展中心	农艺师	管理	组员

表 21　2010 年度农业部科学事业单位修购项目执行情况统计表（基础设施改造类项目）

项目名称	资金使用情况（万元）			项目完成情况												备注
	预算批复	实际完成	资金执行率（%）	科研基地		温室		网室		旱棚		土壤改良		其他		
				数量（个）	金额	数量（个）	金额	数量（个）	金额	数量（个）	金额	数量（m^2）	金额	数量（个）	金额	
锅炉煤改气	665	665	100											1	665	
补充说明：无																
填表人：邓海平　　填表时间：2013 年 9 月 8 日　　验收小组复核人：宋　薇																

四、项目建设成效

锅炉煤改气项目的实施，从根本上改变了研究所老式落后的供暖方式，用清洁的天然气代替煤炭作为供暖热源，冬天所区内不再黑灰飘散，不但节减了劳动力和运行费用，也美化了所区和城市环境，为兰州市的“蓝天工程”做出了示范性贡献。同时，通过项目实施，原来老旧的锅炉房焕然一新，内外部设施水平显著提升，配套给排水、消防系统更加完善。添置的 3 台燃气锅炉满载供暖面积可达到 10 万 m^2以上，充分保障了研究所冬季科研、生产和生活需求，为研究所科研工作的顺利开展和未来的发展打下了坚实基础（图 82、图 83、图 84、图 85、图 86、图 87、图 88）。

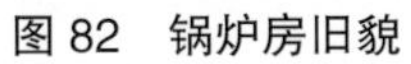

图 82　锅炉房旧貌

图 83　原有燃煤锅炉

图 84　维修后新貌

图 85　庭院、走廊

图 86　新型燃气锅炉

图 87　自动化控制系统

图 88　配套处理系统

配电室扩容改造

（2011 年）

一、项目背景

研究所配电室修建于 1984 年，已经使用了近 30 年。原配电室总容量只有 1600kVA，随着研究所的不断发展，科研建筑面积增大，仪器设备特别是大型仪器设备数量增多，用电量增大，供电不足的问题越来越突出，时常出现断电情况，严重影响研究所正常的科研、生产和生活秩序。而且原配电线路为一条单回路供电，没有备用供电回路，一旦发生断电情况无法在短时间内恢复供电，对研究所仪器设备的保护和主要实验材料的存储都造成了极大的影响。为了满足科研设备、电梯、消防等重要设施的用电需求，配电室的扩容改造刻不容缓。

二、项目实施情况

（一）申报及批复情况

2010 年 6 月，研究所向主管部门上报了“配电室扩容改造”项目申报材料。2011 年 2 月中国农业科学院下达《关于转发〈农业部办公厅关于农业部科学事业单位修缮购置专项资金项目实施方案的批复〉的通知》（农科办财〔2011〕24 号）文件，批准项目立项进入实施阶段，下达经费 170 万元。

（二）实施方案批复的建设内容及规模

（1）10kV 配电室改造：kVN28A 型高压开关柜 4 台，其中 10kV 电源进线柜 2 面，10kV 电源计量柜 1 面，10kV 主变受电柜 1 面，配电室土建配合完成。

（2）10kV 配电室电源线路：新建 1 孔电缆管线 375m，利用原有电缆管线 140m，敷设 ZR-YJV22-87/15-3×70 的电力电缆 611m。电缆保护管采用直径 100-6 型热侵塑钢管，新建 1 500×1 500型电缆井 6 座，1 400×2 700型电缆井 1 座，改造 1 400×2 700型电缆井 3 座，主供电缆井 1 座。

（三）实际完成的建设内容及规模

（1）10kV 配电室改造情况：安装 KYN28A-12 型高压开关柜 4 台，其中 10kV 母联分段开关柜 1 台，隔离柜 1 台，10kV 电源计量柜 1 台，10kV 电源进线及 PT 柜 1 台，现场调试高压设备设计的各项保护功能及对开关柜进行线耐压试验。

（2）10kV 配电室电源线路：自行开挖管沟，铺设电缆管线 330m，穿越原有供电公司管沟铺设电缆管线 540m，共计敷设 YJV-22-3×70mm210kV 高压铠装电缆 870m。修建电缆检修井 7 座。

项目工程于 2011 年 6 月 1 日开工，2012 年 12 月 1 日竣工。全部工程内容均顺利完成。

（四）项目组织管理情况

（1）组织管理机构（图 89）

（2）参建单位及招投标情况

本工程属电力行业单一来源采购工程，由兰州市供电局指定企业兰州倚能电力设计咨询有限公司完成设计，甘肃凯达工程监理有限公司负责电缆敷设管沟现场监理，甘肃华科长城电器有限公司负责施工。

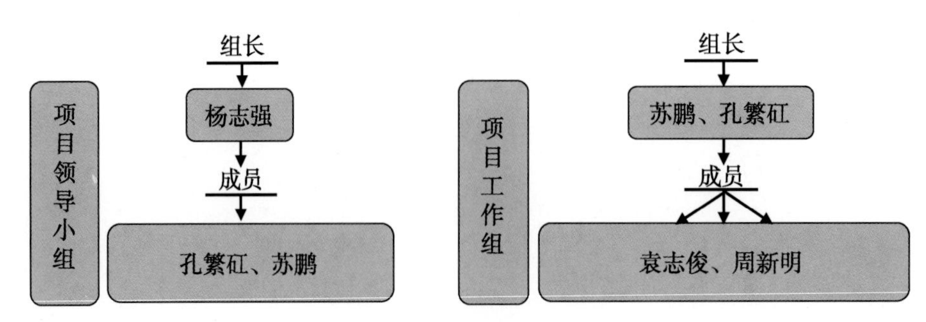

图 89　组织管理机构组成

三、项目验收

（一）初步验收

2013 年 4 月 27 日，建设单位组织施工单位、监理单位、设计单位共同对该工程项目进行了竣工验收，质量评定为合格。

（二）项目验收

2013 年 9 月 6—8 日，中国农业科学院组织专家在甘肃兰州对中国农业科学院兰州畜牧与兽药研究所承担的“所区配电室扩容改造”项目（项目编号 125161032201）进行了验收，专家组听取了项目单位关于项目实施情况的汇报，审阅了验收材料，并察看了项目现场，经质询和认真讨论，形成如下意见。

（1）项目按照《农业部中央级科学事业单位修缮购置专项资金基础设施改造类项目实施方案》（农办科函〔2011〕8 号）的批复组织实施，全面完成了项目建设任务。配电室扩容改造工程通过了建设、设计、监理和施工等单位联合验收，并经兰州市供电公司验收合格，已供电。

（2）项目管理组织健全，管理较为规范。成立了项目领导小组，并由专门部门负责项目的具体实施。项目管理实施执行国家相关法律法规。

（3）项目按批复组织了工程和服务采购，采购方式符合有关规定要求。

（4）项目财务决算经甘肃立信会计师事务所审计，专项经费实行了专账管理、专款专用，资金使用合理规范。

（5）项目档案资料基本齐全，已分类整理。

（6）该项目的实施解决了研究所长期无双路供电的状况，保障了科研、生产、生活的电力需求，为研究所的发展提供了有力保障。

专家组一致同意通过验收（表 22、表 23）。

表 22　所区配电室扩容改造项目验收专家组名单

序号	姓名	单位	职称或职务	专业	备注
1	牛建中	中国科学院化学物理研究所	高级工程师	设备	组长
2	宋　薇	农业部工程建设服务中心	高级工程师	工程	组员
3	唐江山	中国农业科学院兰州兽医研究所	副主任	工程	组员
4	王义明	中国农业科学院农业信息研究所	高级经济师	财务	组员
5	钮一成	中国农业科学院农业信息研究所	副研究员	管理	组员

表 23　2011 年度农业部科学事业单位修购项目执行情况统计表（基础设施改造类项目）

项目名称	资金使用情况（万元）			项目完成情况												备注
	预算批复	实际完成	资金执行率（%）	科研基地		温室		网室		旱棚		土壤改良		其他		
				数量（个）	金额	数量（个）	金额	数量（个）	金额	数量（个）	金额	数量（m^2）	金额	数量（个）	金额	
所区配电室扩容改造	170	170	100											1	170	
补充说明：无																
填表人：邓海平　　填表时间：2013 年 9 月 8 日　　验收小组复核人：牛建中																

四、项目建设成效

项目实施前，由于供电容量小，需求大，研究所经常出现停电情况，而且修复时间长，导致许多冷冻的实验材料被破坏，正常的科研工作无法开展。配电室扩容改造后，在供电方面充分保证了研究所各项用电需求，而且配备了双回路供电后，即使发生意外断电情况也可以迅速切换至备用电源继续供电，从根本上解决了研究所科研、生产、生活等的电力需求，为研究所科研基础条件改善提供有力的保障（图 90、图 91、图 92、图 93）。

图 90　配电室原貌

图 91　修缮后的配电室

图 92　更新后低压配电柜

图 93　更新后高压配电柜

野外观测试验站基础设施更新改造

（2011 年）

一、项目背景

农业部兰州黄土高原生态环境重点野外科学观测试验站建于研究所大洼山综合试验基地内，试验站建于20世纪80年代，建站以来为我国黄土高原环境生态学研究提供了大量重要的科研数据。经过多年运转，试验站基础设施日渐陈旧，田间道路、渠系、围栏等设施没有全部配套到位，目前还有大量的土地未利用，需继续更新与改造，使其真正达到具有一定规模，设施配套、功能齐全的野外科学观测站。为实现搭建院（所）科技创新条件平台的目标，贯彻农科院产业发展和基地建设工作会议精神，进行野外观测站基础设施更新、改造，确保科研任务的顺利完成。通过对黄土高原生态环境的科学观测及相关实验研究，可对黄土高原区农业资源和生态环境现状、变化及其发展趋势进行评价，预防农业灾害对农业生产造成的不良影响，为开展自然灾害预防提供科学依据。

二、项目实施情况

（一）申报及批复情况

2010 年 6 月，研究所向主管部门上报了“野外观测试验站基础设施更新改造”项目申报材料。2011 年 2 月中国农业科学院下达《关于转发〈农业部办公厅关于农业部科学事业单位修缮购置专项资金项目实施方案的批复〉的通知》（农科办财〔2011〕24 号）文件，批准项目立项进入实施阶段，下达经费 461 万元。

（二）实施方案批复的建设内容及规模

1. 道路部分

（1）新修 200m 长 6m 宽的混凝土道路。旁边修建排水沟。

（2）翻新 1.7km，4.5m 宽的柏油路，其中 180m 的下陷道路需要重新修建路基，其他道路加 3 公分的油面。

（3）扩展其中一处转弯半径，由原来的 4.5m 拓宽到 6m。

2. 护坡

新修 60m 长 3m 高的护坡

3. 土方回填部分

田间平整，地埂维修，坍塌填埋，回填土方量约 7.5 万 m^3。

4. 水管改造

将办公区北面山上蓄水池的水引入办公区，管长约 480m，管径为 100mm 镀锌钢管。

5. 绿化部分

将 1.7km 的柏油路两边种植树木树间距为 6m。

6. 水渠部分

将路东山上长度约 1 500 m 水渠进行修整更换。

（三）实际完成的建设内容及规模

1. 道路部分

（1）新修260m长×6m宽的混凝土道路，路旁边修建暗排水沟，新建8座排水井，两座雨水井。

（2）翻新1.7km 4.5m宽的柏油路，其中180m长的下陷道路重新修建路基，其他道路加3cm的油面，增加面积1 049 m^2。

（3）扩展其中一处转弯半径，由原来的4.5m拓宽到9m。

2. 护坡

新修60m长×6m高的钢筋砼护坡。

3. 土方回填部分

田间平整，地埂维修，坍塌填埋，回填土方量约108 603 m^3。

4. 水管改造

将办公区北面山上蓄水池的水引入办公区，管长约480m，管径为100mm镀锌钢管。

5. 绿化部分

道路两旁种植100棵红花槐（五年龄），新建2座凉亭，绿化面积897m^2，挡土墙长56m。

6. 水渠部分

将路东山上长度1 500 m水渠进行修整更换。

7. 其他部分

（1）新建照壁1座。

（2）窑洞挡土墙长13.5m×高7.4m。

（3）大洼山观测楼污水和雨水出口处、路面塌陷及山坡维修（大洼山柏油路至动物房路面处，新增加DN300双壁波纹排水管87m，新增加深度为1.5m的DN1500检查井1座，深度为4.0m的DN2000检查井1座，整修原出水口、塌陷路面、山体滑坡，外运土方1 520 m^3，拆除塌陷混凝土路面并恢复，面积84m^2，拆除DN110PVC管道8m并进行恢复）。

项目工程于2011年4月30日开工，2011年7月19日竣工。按照实施方案批复的建设内容与规模，均已超额完成。

（四）项目组织管理情况

1. 组织管理机构（图94）

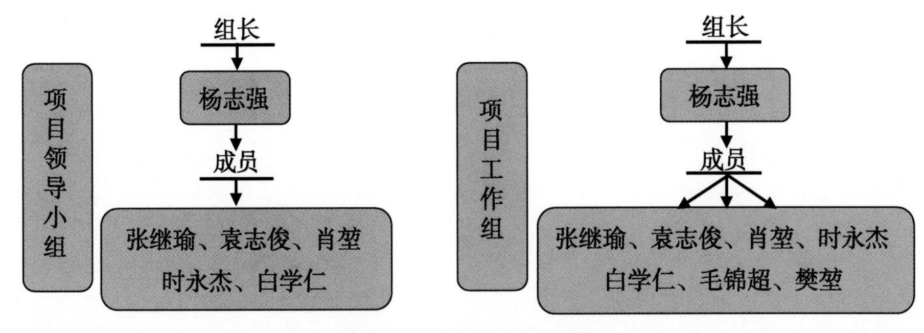

图94　组织管理机构组成

2. 参建单位及招投标情况

项目工程由甘肃省建筑科学研究院设计，甘肃华兰工程监理有限公司负责现场监理。经公开招标确定甘肃腾泰公路建筑有限公司中标工程标段一施工，中标通知书编号为：SG6200110323102；甘肃华威建筑安装（集团）有限责任公司中标工程标段二施工，中标通知书编号为：SG6200110323103。

三、项目验收

（一）初步验收

2012 年 9 月 10 日，建设单位组织施工单位、监理单位、设计单位共同对该工程项目进行了竣工验收，质量评定为合格。

（二）项目验收

受农业部科教司委托，农业部科技发展中心组织工程技术、项目管理和财务方面专家组成验收组，于 2013 年 9 月 6—8 日对中国农业科学院兰州畜牧与兽药研究所承担的“野外观测站基础设施更新改造”（项目编号 125161032202）进行了验收，按照《农业部中央级科学事业单位修缮购置专项资金修缮改造项目验收办法（试行）》规定，验收组听取了项目执行情况汇报、查验了项目现场，查阅了工程和财务档案资料，经过质询讨论，形成验收意见如下。

（1）项目按照批复的实施方案完成了“野外观测站基础设施更新改造”建设内容。工程完工后经项目单位、设计单位、监理单位和施工单位联合验收，质量合格，已投入使用。

（2）项目落实了法人责任制，执行了招投标制、合同制和监理制，项目实施管理较规范。

（3）项目经费使用情况经甘肃立信会计师事务有限公司审计。资金管理和使用符合《中央级科学事业单位修缮购置专项资金管理办法》及有关规定。

（4）项目档案资料齐全基本齐全并已分类立卷。

通过项目的实施，改善了野外观测站的基础设施条件，使观测站内水、路、林、渠等设施更加完备，为野外观测站向国家级科研平台的转变奠定了坚实的基础。经研究，验收组同意该项目通过验收（表 24、表 25）。

表 24　野外观测站基础设施更新改造项目验收专家组名单

序号	姓名	单位	职称或职务	专业	备注
1	宋　薇	农业部工程建设服务中心	高级工程师、处长	工程	组长
2	杨保城	农业部规划设计研究院	高级工程师	工程	组员
3	王义明	中国农业科学院农业信息研究所	研究员、处长	财务	组员
4	陈玮莹	农业部农机推广总站	副高、副处长	财务	组员
5	蔡彦虹	农业部科技发展中心	农艺师	管理	组员

表 25　2011 年度农业部科学事业单位修购项目执行情况统计表（基础设施改造类项目）

项目名称	资金使用情况（万元）			项目完成情况												备注
				科研基地		温室		网室		旱棚		土壤改良		其他		
	预算批复	实际完成	资金执行率（%）	数量（个）	金额	数量（个）	金额	数量（个）	金额	数量（个）	金额	数量（m^2）	金额	数量（个）	金额	
野外观测站基础设施更新改造	431	431	100	1	431											
补充说明：无																
填表人：邓海平　填表时间：2013 年 9 月 8 日　验收小组复核人：宋　薇																

四、项目建设成效

本项目的实施进一步改善了野外观测站的基础设施条件，使观测站内道路、绿化、灌溉等设施更加完备，同时增加了可利用的试验用地面积，为试验站更好的承担科技创新任务提供了充分的条件保障，也为野外观测站向国家级科研平台的转变奠定了坚实的基础（图 95、图 96、图 97、图 98、图 99、图 100、图 101、图 102）。

图 95　野外观测试验站旧貌

图 96　实施前挡土墙图

图 97　道路情况

图 98　土方工程施工

图 99　道路工程施工

图 100　修缮及绿化后的道路

图 101　拓宽弯道增设防护桩图

图 102　照壁

中国农业科学院共享试点——区域试验站基础设施改造

（2012 年）

一、项目背景

研究所区域试验站是在原大洼山试验站的基础上建立起来的。区域试验站建设初期，基础条件十分落后。经过 20 多年的建设，区域试验站初具规模，已开展多项关键技术和区域示范研究，但基础设施仍显薄弱。用于旱生牧草新品种选育的人工温室多年以来仍采用简易的塑料薄膜温室作为牧草育种加代区，试验条件远远不能满足室内植物生长的要求，且简易温室在采光、保温、光照调节等诸方面不能满足旱地植物生长之需要，设施设备的维护费用居高不下。为了配合牧草育种工作的顺利开展，克服牧草田间育种季节短促、冬季无法开展牧草育种田间工作的问题，利于缩短牧草育种周期，减少牧草育种必须在异地加代、当地选育，造成人力、物力和财力浪费严重的问题，提高研究所牧草新品种选育的技术手段和研究水平，加快培育出适于我国西北地区种植的牧草新品种，改造现有的用于牧草加代的人工气候温室为永久性的玻璃温室势在必行。

区域试验站地处我国黄河上游，土壤基质为湿陷性Ⅲ级黄土，塌陷、渗漏性强烈而明显，沟、渠、梁、峁纵横，绿化、耕作困难，水土流失严重。综合试验站土地大部分为陡坡状态，易出现塌陷滑落，造成大面积的水土流失，危及试验站灌溉设施及道路等基础设施的稳定。因此，必须采取土地治理措施，通过修筑沟坡边沿混凝土防挡墙、修筑沟坡固定柱、移动土方、边界围栏维修加固等措施，对现有的试验田进行改造，达到消除安全隐患，增加土地面积，减少土地纠纷的目的，利于田间试验的开展。

区域试验站湿陷性黄土在田间灌溉中易出现塌陷、渗漏等问题，且淋溶性强烈，造成水资源浪费，达不到预期的灌溉效果。为改善这一现状，需将现有的渠灌灌溉设施改造为喷灌，以期实现节约水资源并达到定时、定量易于控制水资源利用之目的。

二、项目实施情况

（一）申报及批复情况

2011 年 5 月，研究所向主管部门上报了“中国农业科学院共享试点——区域试验站基础设施改造”项目申报材料。2012 年 3 月中国农业科学院下达《关于转发〈农业部办公厅关于农业部科学事业单位修缮购置专项资金项目实施方案的批复〉的通知》（农科办财〔2012〕75 号）文件，批准项目立项进入实施阶段，下达经费 2 090 万元。

（二）实施方案批复的建设内容及规模

1. 改扩建植物加带人工气候室 2 016m^2

建筑主体面积 2 016 m^2（56m×36m）；基础深 3. 6m，C20 混凝土现场浇注，钢筋混凝土立柱基础，底部 0. 1m 厚素砼垫层；建筑周围设混凝土散水 1. 5m。轻钢结构主体骨架，顶部覆盖 5mm 单层钢化玻璃 2 419 m^2，四周采用 4+8+4 中空玻璃 1 189 m^2。配置移动苗床 526m^2，安装外遮阳、内保温系统，湿帘风机降温系统，加温水暖系统，环流风机，微喷灌溉系统，移动苗床系统，补光系统和计算机控制系统。

2. 区域试验站试验田改造与建筑物周围、道路两傍塌陷、滑坡治理以及地界权益保护

（1）修筑沟坡混凝土块石挡土墙 1 200 m，墙高 2m，墙顶宽 0.5m，墙底宽 1.0m；修筑沟坡沿网状固定柱（300mm×400mm×2 000mm）1 490m²。

（2）平整、改良土地；坍塌填埋，开挖、填土方量约 20 万 m³。

（3）修筑钢筋混凝土立柱钢丝围栏 7 500 m。立柱采用钢筋混凝土结构，每隔 50m 或转弯拐角处埋设大立柱（200mm×200mm×2 200mm），其余部位间隔 8m 埋设小立柱（140mm×140mm×2 000mm）。

3. 1 200 亩试验田渠灌改造为喷灌工程

土方开挖、回填约 8.4 万 m³；扩建泵站一座，面积 90.2m²；改扩建 1 000 m³，进水前池 1 座、500m³出水池 1 座、100m³调压池 1 座、闸阀井 46 座。安装 DN200 干管及压力管 4 509 m，DN150 支管 1 891 m，DN100 压力管 10 913 m，其他支管 19 760 m；配电变压器一台。

（三）实际完成的建设内容及规模

（1）改扩建植物加带人工气候室 2 016 m²。

完成了改扩建植物加带人工气候室 2 016 m²的土建及安装工程。配置移动苗床系统 526m²，安装外遮阳、内保温系统、湿帘风机降温系统、采暖系统、环流风机系统、微喷灌溉系统，室外地沟 58 m，室内给水管道 335.97m，10.13m³玻璃钢化粪池 1 座，室外地坪 189.4 m²，电缆 170m。

（2）区域试验站试验田改造与建筑物周围、道路两傍塌陷、滑坡治理以及地界权益的保护。完成了修筑沟坡混凝土块石挡土墙 584m；坍塌填埋，开挖、填土方量约 14.42 万 m³，平整、改良土地；制作、安装钢制围栏 647m 及围栏基础；改建 72.03m²，1#机井值班室，41.44 m³1#机井值班室水泵房，50m³1 号机井蓄水池；72.26m²2 号机井值班室，1 号机井 382.99 m²地坪，2 号机井 679.14 m²地坪，1 号机井 40m 长的室外地沟，2 号机井 28.2m 长的室外地沟，1 号机井 5 个室外检查井，2 号机井 4 个室外检查井，2 号机井 52m 值班室砖砌围墙，新增 44m 道牙。

（3）现有的 1 200 亩试验田渠灌改喷灌工程。土方开挖、回填约 7.1 万 m³，改建 50m³、100 m³、200 m³、300 m³水池各 1 座、检查井 58 座，安装管道 24 512 m，室外道路 312.5m²，室外地坪 703.8m²，地沟 140m，过路涵洞 15.6m²，20m³玻璃钢化粪池 1 座，电缆 316m。

（4）改良土壤及种植 328 亩，绿化带道牙 1 059 m，3 号泵房维修，树木移栽修剪 1 257 棵，绿化种植 408 棵杨树，修建“U”形渠 1 161.4 m，土方开挖回填 8.84 万 m³，挡土墙 86.4m，硬化地面 526m²。

项目工程于 2012 年 6 月 6 日开工，2013 年 6 月 30 日竣工。项目全部工程内容均顺利完成。

（四）项目组织管理情况

1. 组织管理机构（图 103）

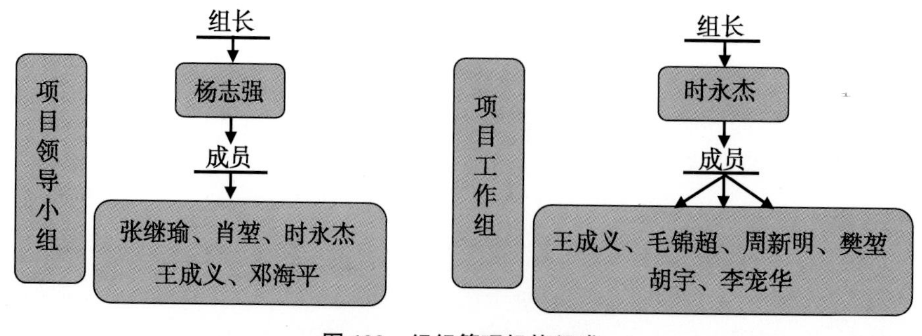

图 103　组织管理机构组成

2. 参建单位及招投标情况

本项目共划分为三个标段实施，项目的监理和施工单位均采取公开招标方式确定。一标段“1 200亩试验田渠灌改喷灌工程”：设计单位为兰州现代农业工程设计研究院；施工单位为兰州市安宁区第二建筑公司；监理单位为甘肃华兰工程监理咨询有限公司。二标段“改扩建植物加带人工气候室工程”，设计单位为北京智博瑞华农业科技有限公司、甘肃宁远建筑设计院；施工单位为八冶建设集团有限公司；监理单位为甘肃华兰工程监理咨询有限公司。三标段“试验田改造与建筑物周围、道路两旁塌陷、滑坡治理以及地界权益的保护工程”，设计单位为甘肃省城乡工业设计院有限公司；施工单位为甘肃省第二建筑工程公司；监理单位为甘肃衡宇工程建设监理公司。

三、项目验收

（一）初步验收

2013 年 6 月 25 日，研究所项目组组织施工单位相关负责人对该工程进行预验收，对工程中的问题责令施工单位限期整改。2013 年 7 月 17 日，建设单位、勘察单位、监理单位、设计单位、施工单位五方共同对该工程项目进行了竣工验收，质量评定合格。

（二）项目验收

受农业部科技教育司委托，2015 年 11 月 5—6 日，农业部科技发展中心组织专家对中国农业科学院兰州畜牧与兽药研究所承担的“中国农业科学院共享试点-区域试验站基础设施改造”（项目编号：125161032201）进行验收。按照《农业部科学事业单位修缮购置专项资金修缮改造项目验收办法（试行）》规定，验收组查看了项目现场，听取了项目执行情况汇报，查阅了工程和财务档案资料，经质询讨论，形成验收意见如下。

（1）项目按批复的实施方案完成了“中国农业科学院共享试点-区域试验站基础设施改造”建设内容。工程完工后经项目单位、设计单位、监理单位和施工单位联合验收，质量合格，已投入使用。

（2）项目落实了法人责任制，执行了招投标制、合同制和监理制。

（3）经甘肃立信浩元会计师事务有限公司审计，项目资金管理符合《中央级科学事业单位修缮购置专项资金管理办法》及有关规定，经费实行专项核算、专款专用。

（4）项目档案资料基本齐全。

项目的实施大大改善了区域试验站的基础设施条件，实现了黄土高原草畜生态系统结构、演替规律和功能检测、生态系统管理与生产过程检测、生态系统健康检测、生态系统安全预警体系建设、生态系统的试验、研究与示范、生态环境治理研究与示范等功能。

经研究，验收组同意该项目通过验收（表 26、表 27）。

表 26 中国农业科学院共享试点-区域试验站基础设施改造

序号	姓名	单位	职称或职务	专业	备注
1	任　琦	中国水产科学研究院渔工所	高级工程师	工程	组长
2	高必杨	中国建工集团股份有限公司	高级工程师	工程	组员
3	缪晓强	农业部规划设计研究院	高级工程师	工程	组员
4	杨焕冬	京都天华会计师事务所	注册会计师	财务	组员
5	王义明	中国农业科学院农业信息研究所	财务管理	财务	组员
6	李仕宝	农业部科技发展中心	副研究员	管理	组员

表 27　2012 年度农业部科学事业单位修购项目执行情况统计表（基础设施改造类项目）

项目名称	资金使用情况（万元）			项目完成情况												备注
	预算批复	实际完成	资金执行率（%）	科研基地		温室		网室		旱棚		土壤改良		其他		
				数量（个）	金额	数量（个）	金额	数量（个）	金额	数量（个）	金额	数量（m^2）	金额	数量（个）	金额	
中国农业科学院共享试点-区域试验站基础设施改造	2 090	2 090	100	1	2 090											

补充说明：无

填表人：邓海平　填表时间：2015 年 11 月 6 日　验收小组复核人：任　琦

四、项目建设成效

通过项目实施，建成了较为先进的牧草加带人工气候温室 2 016 m^2，通过土地平整新增可利用的试验用地 80 亩，整个喷灌系统了覆盖了近一半的试验站用地，为研究所开展相关方面的研究创造了可行的保障条件。区域试验站基础设施更加完备，环境更加美化，承担科技创新项目的能力也显著增强，为区域试验站实现跨越式发展，向国家级综合性共享试验站迈进打下了重要基础（图 104、图 105、图 106、图 107、图 108、图 109、图 110、图 111、图 112、图 113、图 114、图 115）。

图 104　平田造地前景象

图 105　平田造地后景象

图 106　水渠改造前图

图 107　水渠改造后

图 108　泵房维修前

图 109 机具库维修后

110 泵房维修后

图 111 植物加代温室

图 112 植物加带温室内部

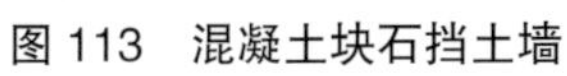

图 113　混凝土块石挡土墙

图 114　喷灌

图 115　试验田围栏

中国农业科学院共建共享项目——张掖综合试验站大洼山基础设施改造

（2013 年）

一、项目背景

研究所张掖综合试验站位于张掖市甘州区党寨镇。试验站始建于 2001 年，占地面积 3 100 亩，拥有《国有土地使用证》。经过多年的建设和发展，张掖综合试验站已基本形成集科研、示范、培训、推广、生产为一体的综合性、多功能的试验示范园区，为地方经济发展提供了有力支持，也为院所科技创新和试验示创造了良好的条件。目前，试验站内各类设施已使用 11 年，加之近年来张掖地下水位不断上升、风沙、极寒、高温等极端气候的影响，试验站各类设施均出现不同程度的损坏，其中近一半灌溉渠道出现坍塌和渗漏、水闸等设施已无法正常使用，田间道路受水流冲刷也已无法通行。大量试验用地未经平整无法有效利用。此外，站内机井水泵老化，外围界桩、围墙及办公楼墙体涂料、部分建筑物墙体出现裂缝、瓷瓦脱落严重，机具库、仓库及值班区域屋顶渗漏，水电管网等设施也出现不同程度的破损变形，以上问题已严重影响到试验站的科研生产和生活，必须进行维修改造。

研究所大洼山综合试验站位于兰州市七里河区龚家坪村。试验站建于 1984 年，占地面积 2 386 亩，拥有《国有土地使用证》。"十一五"以来依托修购专项支持，对试验站内道路、电网、给排水、绿化、灌溉等基础设施进行了全面的升级改造，平整了部分试验用地，使试验站科研保障能力得到了显著地提升。随着研究所各项事业的不断发展，试验站建筑规模和科研人员数量将不断的增加，验站现有供暖面积近 7 000 m^2，几年之内供暖面积必将达到 1 万 m^2以上，现有的 1 台 2t，1 台 1t 燃煤锅炉，供暖负荷方面严重不足，而且燃煤、燃油供暖成本居高不下，极大地增加了大洼山区域试验站运转费用。此外，原有锅炉房建于 20 世纪 90 年代初，年久失修，已无法正常使用。综合各方面因素，为响减少环境污染，节能减排，保障试验站正常的科研生产和生活，急需实施锅炉煤改气工程。

二、项目实施情况

（一）申报及批复情况

2012 年 8 月，研究所向主管部门上报了"中国农业科学院共建共享项目：张掖、大洼山综合试验站基础设施改造"项目申报材料。2013 年 2 月中国农业科学院下达《关于转发〈农业部办公厅关于农业部科学事业单位修缮购置专项资金项目实施方案的批复〉的通知》（农科办财〔2013〕23 号）文件，批准项目立项进入实施阶段，下达经费 1 057 万元。

（二）实施方案批复的建设内容及规模

1. 大洼山综合试验站锅炉煤改气

（1）由敷设在 112-2 号路上已投运 DN200 天然气中压管道接气点铺设天然气中压管线至试验站用气处，其中天然气中压干线全长约 3 000 m，管径 DN200、设阀井二座、燃气调压柜 440Nm^3/h 一台、燃气调压箱 75Nm^3/h 二台。

（2）将原有 104.31m^2燃煤热水锅炉用房改扩建为 157.41m^2天然气热水锅炉用房。

（3）购置并安装 2 台 1.4MW 天然气热水锅炉，配套热水循环系统、补水定压系统、软化除氧装置、锅炉房烟、风系统及其他配套设施。

2. 张掖综合试验站基础设施改造

（1）维修渠道 8km，其中斗渠 1 条，长度 2.2km；农渠 15 条，长度 5.8km。修缮单开节制分水闸 78 座，车桥 19 座。

（2）维修水塔 1 座，更换 250QJ140-45/3 型水泵 2 台、Ø125 碟阀 6 个阀、Ø125 井管及相关附属设备维修。

（3）维修拓宽原有路面为泥结碎石路面 8km。路面宽度 3m，路基采用素土夯实。

（4）平整改良土地 980 亩。平整土地土方量为 11.22 万 m^3。

（5）维修试验站外围总长度 5.1km 界桩，每 5~6m 更换砼界桩 1 个，共更换砼界桩 1 020 个，更换铁丝围栏 25km。

（6）维修更换办公楼内地沟管路及控制阀、上下水管网及楼体落水管。维修更换办公区 6mm^2 输电线路 800m，更换照明设施；维修更换生产区 10mm^2 动力电线路 150m 及维修附属设施。安装仓库及值班室门铝合金窗 12 扇、实木门 6 扇。

（三）实际完成的建设内容及规模

1. 大洼山综合试验站锅炉煤改气

（1）由敷设在 112-2 号路上已投运 DN200 天然气中压管道接气点铺设天然气中压管线至试验站用气处，其中铺设天然气管道总长度 1 680.4 m，其中天然气中压 DN200 管线 320m（只是在市政管网接气工程中进行了土建补偿）、天然气中压 DN100 管线 1 138.1 m、天然气低压 DN50 管线 222.3m，设阀井二座、燃气调压柜 440NM^3/h 一台、燃气调压箱 75Nm^3/h 二台；低压燃气管道接通到大洼山食堂、药厂食堂和观测楼热水器，并配置了相关的天然气的使用设施。

（2）将原有 104.31 m^2 燃煤热水锅炉用房改扩建为 163.18 m^2，天然气热水锅炉用房。

（3）购置并安装 2 台 1.4MW 天然气热水锅炉，配套热水循环系统、补水定压系统、软化除氧装置、锅炉房烟、风系统及其他配套设施。

（4）对锅炉房及周围路面硬化 960.02 m^2，对站区的观测楼、药厂车间、锅炉房、实验楼等设施的内外进行了粉刷，内墙粉刷面积 4 495.1 m^2，天蓬粉刷面积 2 925.31 m^2，外墙粉刷面积 2 890.36 m^2；场地石块护坡保护长度 111m，平均高度 3.2m，土地植被恢复及整理 81.34 亩，并对办公楼排水系统和环境绿化等进行了维修和改造。

2. 张掖综合试验站基础设施改造

（1）维修渠道 7.62km，其中斗渠 1 条，长度 2.2km；农渠 15 条，长度 5.42km，修缮单开节制分水闸 58 座，车桥 2 座。

（2）维修水塔 1 座，更换 250QJ140-45/3 型水泵 2 台、φ125 碟阀 6 个阀、φ125 井管及相关附属设备维修。

（3）维修泥结碎石路面 9.657km。路面宽度 3m，路基采用素土夯实。

（4）平整改良土地 143.33 亩。平整土地土方量为 49 770 m^3。

（5）维修试验站外围总长度 4km 界桩，共更换砼界桩 80 个。

（6）维修更换办公楼内地沟管路及控制阀、上下水管网及楼体落水管。维修更换办公区 6mm^2 输电线路 300m，更换照明设施；维修更换生产区 10mm^2 动力电线路 150m 及维修附属设施。

（7）新增维修分水口 150 个，旧渠道维修 4km，渠肩维修 5km。

（8）新增办公楼的屋面、卫生间、门窗、地沟及水塔、机具库、其他零星维修等。

（9）新增 1 号路安装路灯 40 盏。

大洼山综合试验站锅炉煤改气工程于 2013 年 7 月 1 日开工，2015 年 11 月 26 日竣工；张掖综合试验站基础设施改造工程于 2013 年 5 月 1 日开工，2013 年 8 月 30 日竣工。实施方案批复的项目内容均顺利完成。

（四）项目组织管理情况

1. 组织管理机构（图 116）

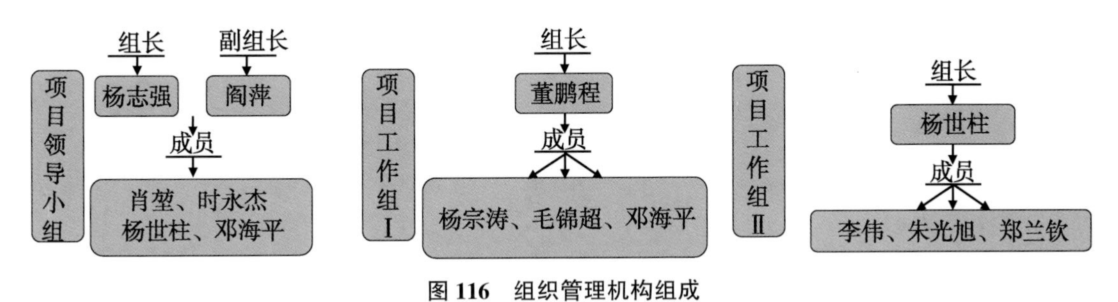

图 116　组织管理机构组成

2. 参建单位及招投标情况

“张掖、大洼山综合试验站基础设施改造工程”分为“大洼山综合试验站锅炉煤改气工程”和“张掖综合试验站基础设施改造工程”两部分内容。大洼山综合试验站锅炉煤改气工程由甘肃省城乡工业设计院有限公司和甘肃中石油昆仑燃气工程设计（咨询）有限公司设计，达华工程管理（集团）有限公司甘肃分公司承担工程监理。通过公开招标确定甘肃第一安装工程有限公司承担“锅炉房土建安装工程”施工；公开招标确定兰州陇鑫暖通设备有限公司承担燃气锅炉设备采购及安装。分别与甘肃银河水电建筑工程有限公司、甘肃凯特装饰工程有限公司、甘肃建兰建设工程有限公司、甘肃民安现代防雷工程有限公司、兰州二建集团建友工程有限公司签订施工合同，分别承担各分部分项工程施工。

三、初步验收

2015 年 12 月 17 日研究所项目组及勘察单位、监理单位、设计单位、施工单位五方共同对“大洼山综合试验站锅炉煤改气工程”进行了竣工验收，质量评定合格。

2014 年 9 月 26 日研究所项目组及监理单位、设计单位、施工单位四方共同对“张掖综合试验站基础设施改造工程”进行了竣工验收，质量评定合格。

四、项目建设成效

通过项目实施，张掖、大洼山两个综合试验站的基础设施条件得到了显著的提升。锅炉煤改气工程的顺利实施，从根本上解决了大洼山基地现有建筑和未来基础设施发展的供暖和热水供应需求；通过道路硬化和墙面粉刷，使大洼山院区面貌焕然一新；通过给排水系统的维修，使生活用水和雨水排放畅通；通过护坡保护，使失陷性黄土层的建筑物更加坚固；通过树木绿化和植被恢复，大大美化了站部院区环境。

项目实施后张掖综合试验站水、电，林，渠，路等基础设施更加完善，增大了可利用试验地面积，站部办公区基础设施得到了全面提升。2014 年张掖综合试验基地被农业部评为 100 个国家农业科技创新与集成示范基地。

通过该项目的有效实施，改善了综合试验站的基础设施条件，提高了试验基地为科研服务的能力，增强了试验基地作为科技创新“第二实验室”的科技保障能力，为试验基地良好的可持续发展打下了坚实的基础（图 117、图 118、图 119、图 120、图 121、图 122、图 123、图 124、图 125、图 126、图 127、图 128、图 129、图 130、图 131）。

图 117　张掖综合试验基地原貌（综合楼）

图 118　张掖综合试验基地原貌（砂土道路）

图 119　破损渠道及田间道路

图 120　沙化土地

图 121　修缮后张掖基地主楼及混凝土路面

图 122　修缮后张掖基地主干道

图 123　维修水渠及田间道路图

图 124　试验田平整

图 125　大洼山基地旧锅炉房

图 126　旧燃煤锅炉

图 127　维修后新锅炉房

图 128　新式燃气锅炉

图 129　水处理系统

图 130　锅炉房正式挂牌

图 131　大洼山基地锅炉通气点火

中国农业科学院公共安全项目——所区大院基础设施改造

（2014 年）

一、项目背景

中国农业科学院兰州畜牧与兽药研究所所区始建于 1958 年，占地面积 95 亩，具备国有土地使用证。所区内现有科研用房约 15 000 m^2，道路 2km 约 20 000 m^2。所区设有畜牧、新兽药工程、中兽医（兽医）、草业饲料研究室及农业部动物毛皮及制品质量监督检验测试中心五个科研部门，并有药厂、科技培训中心等生产开发部门。建所以来，研究所始终坚持和谐发展、以人为本的理念，重视所区环境建设，但是多年来，由于专项经费支持所区的基础设施改造较少，只能进行一些小范围的修补，始终不能彻底的解决道路、排水、围护及其他基础设施老化、破损严重的问题。造成大院内不时多处积水、路基下沉、管网堵塞，形成严重的安全隐患，影响研究所的正常生产、生活秩序，急需进行全面的维修改造。

所区大院硬化总面积约 20 000 m^2，其中道路 12 325 m^2，都是不同时期随基建而铺设的，已逾 10 多年未维修，破损严重，雨后区域内存在多处积水，长期积聚造成路面损坏、地基下沉，形成安全隐患，破损面约占道路总面积的 60%；污水排放管线也是 20 世纪 80 年代铺设的铸铁管，管径较小，管道内壁积存的油垢逐年增多，污水无法及时排出，造成污水管线经常堵塞，疏通困难，影响正常生产、生活秩序；研究所地处少数民族聚集区，环境复杂，周边单位多，3 000 m 大院围墙均为 20 世纪七八十年代修建，墙体高低不均，方式各异，且部分围墙地基沉降，造成墙体裂纹、破损，约占总长度的 40%，局部存在严重的安全隐患，影响整体环境效果。已越来越不适应现代化研究所发展的要求。因此，急需尽快改善所区大院环境面貌，提高基础设施的运行效率，使研究所科研条件、人才培养条件、环境面貌得以改观，进一步提升花园单位形象，为建设国家级一流研究所提供保障。

二、项目实施情况

（一）申报及批复情况

2013 年 5 月，研究所向主管部门上报了“中国农业科学院公共安全项目：所区大院基础设施改造”项目申报材料。2014 年 2 月中国农业科学院下达《关于转发〈农业部办公厅关于农业部科学事业单位修缮购置专项资金项目实施方案的批复〉的通知》（农科办财〔2014〕42 号）文件，批准项目立项进入实施阶段，下达经费 650 万元。

（二）实施方案批复的建设内容及规模

1. 所区大院雨水排放管线改造 2 318 m

设置平箅式雨水口、雨水检查井、安装不同管径规格的塑钢缠绕排水管。大院内共新设置雨水口 85 个，雨水检查井 65 个；DN200 塑钢缠绕排水管支管长度 598m，干管采用 DN300 塑钢缠绕排水管长度 1 429 m，DN400 塑钢缠绕排水管长度 291m，管线总长度 2 318 m。

2. 所区大院污水排放管线改造 1 556 m，改扩建化粪池两座

对所区大院原有排污管网进行改造，支管采用 DN200 塑钢缠绕排水管，干线采用 DN300、

DN400 塑钢缠绕排水管，管线总长度 1 556 m。改扩建排污检查井 141 个；改扩建 50m^{3}及 100m^{3}化粪池各一座。

3. 所区大院破损、下沉混凝土道路改造

将原有混凝土路面进行拆除并恢复，重新修建部分道路，拆除部分垃圾外运后找平路面，安装雨水、排污管线部分进行 300mm3：7 灰土夯实。主干道混凝土为 C25、200mm 厚，次干道混凝土为 C20、150mm 厚。区域内道路总面积为 9 624. 5 m^2。

4. 所区大院围墙改造

破损围墙进行分段拆除，开挖围墙基础，砌筑砖围墙基础（放大脚），砌筑 240 围墙，高度 3m，内外抹面，粉刷统一防水涂料，围墙总长度为 1 003 m。

（三）实际完成的建设内容及规模

1. 所区大院雨水排放管线改造 1 895 m

设置平箅式雨水口、雨水检查井、安装不同管径规格的塑钢缠绕排水管。大院内共新设置雨水口 81 个，雨水检查井 63 个；DN200 塑钢缠绕排水管支管长度 250m，干线采用 DN300 塑钢缠绕排水管长度 1 354 m，DN400 塑钢缠绕排水管长度 291m，管线总长度 1 895 m。

2. 所区大院污水排放管线改造 1 546 m，改扩建化粪池两座

对所区大院原有排污管网进行改造，支道采用 DN200 塑钢缠绕排水管 510m，干线采用 DN300 塑钢排水管 906m、DN400 塑钢缠绕排水管 130m，管线总长度 1 546 m。改扩建排污检查井 137 个；改扩建 50m^{3}及 100m^{3}化粪池各一座。

3. 所区大院破损、下沉混凝土道路改造

完成所区大院道路改造共计 8 537. 84 m^2。其中破损、下沉混凝土道路改造 5 821. 42 m^2；恢复雨水、排污管线铺设后部分道路 2 716. 42 m^2。

4. 所区大院破旧围墙改造

完成所区大院破旧围墙粉刷 762. 5m，拆除并修建围墙 240. 5m。共计 1 003 m。

5. 拆除、铺设人行道 5 821. 42 m^2。

6. 拆除、安装道牙 4 410. 2 m。

7. 拆除、安装树池 735 个。

8. 节余经费对科技培训中心一至六楼卫生间进行改造。

9. 节余经费对大院监控设备进行更换。

项目于 2014 年 5 月 20 日开工，2014 年 11 月 10 日竣工，工程内容均超额完成。

（四）项目组织管理情况

1. 组织管理机构（图 132）

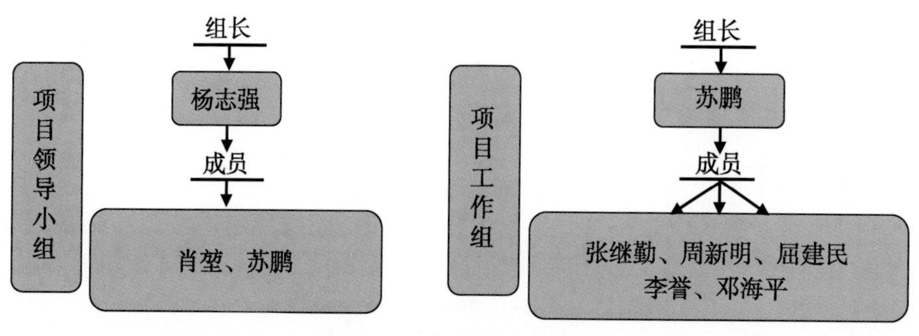

图 132 组织管理机构组成

2. 参建单位及招投标情况

项目设计由中北工程设计咨询有限公司承担，甘肃经纬建设监理咨询有限责任公司负责工程现场监理；招标代理单位从5家投标企业中经过资质、业绩、报价等各方面综合评议，确定为甘肃省建设监理公司（农科牧药纪要［2014］9号）；施工单位通过公开招标，甘肃华成建筑安装工程有限责任公司，中标通知书编号：GJ140402922。

三、初步验收

2014年11月14日，建设单位组织施工单位、监理单位、设计单位共同对该工程项目进行了竣工验收，质量评定为合格。

四、项目建设成效

通过项目实施，解决了多年来困扰研究所的排水不畅问题，生活污水、雨水收集处理系统更加完善，“屋内下水堵、屋外雨水积”的现象不复存在了，也有力的响应了兰州市“污水雨水全收集全处理”政策的号召，为兰州市“五城联创”工作做出了重要贡献。同时，所区内道路更加平整宽敞，围墙修葺一新，为研究所的公共安全和所区环境水平的提升提供了有效保障。为研究所科研、生产、生活营造了一个舒适便捷、环保有序的新环境。所区大院改造，为研究所顺利申报并获批“全国文明单位”打下了良好的基础（图133、图134、图135、图136、图137、图138、图139、图140、图141、图142）。

图 133　污水、雨水排水系统老化，淤积严重

图 134　路面破损塌陷严重

图 135　老旧围墙

图 136　围墙破损严重

图 137　道路

图 138　道路

图 139　生活区围墙

图 140　所区围墙

图 141　积水点增设排水设施

图 142　围墙及绿化带

仪器购置及升级改造项目

■ 创新中兽药研究实验室设备购置
■ 质检中心仪器购置
■ 恒温恒湿室改造升级
■ 牦牛藏羊分子育种创新研究仪器设备购置
■ 中兽医药现代化研究仪器设备购置
■ 畜禽产品质量安全控制与农业区域环境监测仪器设备购置
■ 中国农业科学院前沿优势项目：牛、羊基因资源发掘与创新利用研究仪器设备购置

创新中兽药研究实验室设备购置

（2006 年）

一、项目背景

2006 年以前，研究所常用中大型仪器条件设施比较落后，如高效液相色谱仪、荧光光度计、紫外分光光度计、日立 180-80 塞曼偏振原子吸收分光光度仪电泳仪、AO 显微镜、酶标仪、普通离心机、721 分光光度仪等仪器设备均为 20 世纪 80 年代以前的产品，这些仪器的功能相对较少，仪器性能严重下降，灵敏度较低，准确度差，而且经常发生故障，远不能适应创新兽药研究工作的需要，制约了新兽药研发、兽药安全评价与检测研究工作。而奶牛疾病研究群体一直开展中药新型药剂防治畜禽疾病研究，特别是奶牛疾病近年来在实际工作中，研制出了多种新型有效药剂，但由于研究条件的制约，研究水平得不到提高，一些先进的制剂工艺不能进行放大试验，产品产业化受阻，同时我所在兽医生物技术方面缺乏大型及常规的分子生物学方面的仪器设备，严重制约了研究水平的提高和可持续发展。为此急需购置中药提取、制剂的研制、药物有效成分的分析与药品的质量控制、临床前药理研究、生物技术方面的相关仪器设备。

二、项目实施情况

（一）项目申报及批复情况

2006 年 6 月，研究所向主管部门上报了“创新中兽药研究实验室仪器设备购置”项目申报材料。2007 年 3 月，农科院转发农业部关于仪器设备购置及仪器升级改造专项经费实施方案的批复，项目立项并进入实施阶段，下达经费 680 万元，购置相关仪器设备 18 台套。项目进入实施阶段（表 28、表 29）。

（二）实施方案批复购置内容

表 28　实施方案批复购置仪器表

序号	仪器名称	数量	价格（万元）	采购方式	存放地点	备注
1	液质连联用仪	1	188.16	A	创新中兽药研究实验室	
2	气质联用仪	1	90.16	A	创新中兽药研究实验室	
3	全自动生化分析仪	1	56.84	A	创新中兽药研究实验室	
4	原子吸收光谱仪	1	50.96	A	创新中兽药研究实验室	
5	氨基酸分析系统	1	58.80	A	创新中兽药研究实验室	
6	傅立叶变换红外光谱仪	1	53.90	A	创新中兽药研究实验室	
7	全自动动物血液细胞分析仪	1	17.64	F	创新中兽药研究实验室	
8	全自动多功能酶标仪及其洗扳机	1	34.30	F	创新中兽药研究实验室	

（续表）

序号	仪器名称	数量	价格（万元）	采购方式	存放地点	备注
9	聚焦微波消解系统	1	29.40	A	创新中兽药研究实验室	
10	智能连续化多功能超声波提取机组	1	19.60	F	创新中兽药研究实验室	
11	凝胶图像分析系统	1	14.70	F	创新中兽药研究实验室	
12	高速离心机	1	0.80	F	创新中兽药研究实验室	
13	超低温冰箱（-86℃）	1	5.88	F	创新中兽药研究实验室	
14	全自动薄层成像系统	1	6.68	F	创新中兽药研究实验室	
15	全功能滴定仪	1	5.88	F	创新中兽药研究实验室	
16	高速台式冷冻离心机	1	7.84	F	创新中兽药研究实验室	
17	生物安全柜	2	15.68	F	创新中兽药研究实验室	
	合计	18	666.40			

"采购方式"填写代号：A. 公开招标，B. 邀请招标，C. 竞争性谈判，D. 询价，E. 单一来源，F. 其他方式

（三）实际完成的购置情况

表 29　实际购置仪器情况表

序号	仪器名称	数量	价格（万元）	采购方式	存放地点	备注
1	液质连联用仪	1	198.02	A	药物室	
2	气质联用仪	1	62.59	A	药物室	
3	全自动生化分析仪	1	52.83	A	兽医室	
4	原子吸收光谱仪	1	48.06	A	药物室	
5	氨基酸分析系统	1	59.94	A	药物室	
6	傅立叶变换红外光谱仪	1	26.40	A	药物室	
7	全自动动物血液细胞分析仪	1	17.00	F	兽医室	
8	全自动多功能酶标仪及其洗扳机	1	34.80	F	兽医室	
9	聚焦微波消解系统	1	42.67	A	兽医室	
10	智能连续化多功能超声波提取机组	1	18.00	F	兽医室	
11	凝胶图像分析系统	1	21.40	F	药物室	
12	高速离心机	1	7.97	F	药物室	
13	超低温冰箱（-86℃）	1	1.95	F	药物室	
14	全自动薄层成像系统	1	5.84	F	畜牧室	
15	全功能滴定仪	1	3.93	F	药物室	

（续表）

序号	仪器名称	数量	价格（万元）	采购方式	存放地点	备注
16	高速台式冷冻离心机	1	4. 10	F	药物室	
17	生物安全柜	2	10. 40	F	兽医室、药物室	
18	分析天平	1	5. 38	F	兽医室	增购
19	梯度 96 孔热循环仪	1	7. 00	F	兽医室	增购
20	pcR 仪	1	13. 51	F	畜牧室	增购
21	高效液相	1	31. 24	F	药物室	增购
	合计	22	677. 06			

“采购方式“填写代号：A. 公开招标，B. 邀请招标，C. 竞争性谈判，D. 询价，E. 单一来源，F. 其他方式

项目于 2007 年 9 月开始实施，2008 年 10 月完成全部仪器安装试运行。

（四）项目管理情况

1. 组织管理机构（图 143）

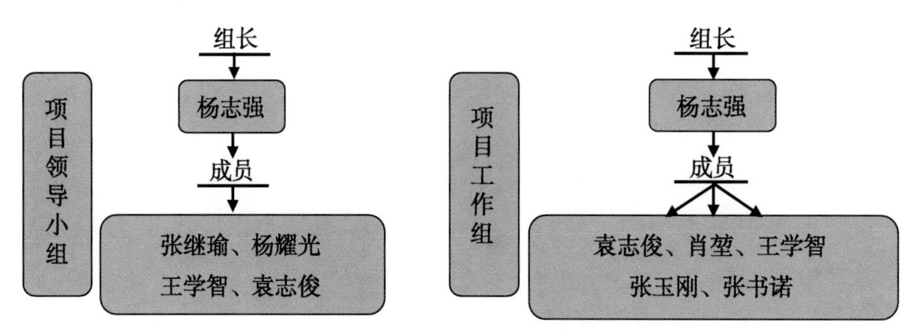

图 143　组织管理机构组成

2. 仪器购置招投标情况

根据实施方案批复要求，购置的 22 台仪器中，7 台套由中国农业科学院统一通过公开招标采购；11 台套属研究所自行组织采购，研究所以邀请招标的方式完成全部采购内容。在完成实施方案批复的仪器设备采购内容后，利用剩余项目资金自行组织增购小型仪器设备 4 台套。所有采购设备均与供货商签订了供货与维修服务合同，资料完备齐全。

三、项目验收情况

2008 年 11 月 6 日，中国农业科学院组织专家在兰州对研究所承担的“创新中兽药研究实验室仪器设备购置”（项目编码：125161032301）进行了验收。验收专家组听取了项目组的完成情况汇报，审阅了相关资料，并查勘了项目现场，经质询和讨论，形成如下意见：

（1）本项目按照《农业部中央级科学事业单位修缮购置专项资金仪器设备购置类项目实施方案（2006 年）》的批复进行了实施，并完成了项目设备购置计划。

（2）甘肃浩元会计师事务所出具的专项审计报告，设备采购和资金使用符合《农业部科学事业单位修缮购置专项资金管理实施细则（试行）》的要求。

（3）“创新中兽药研究实验室仪器设备购置”项目实施后极大地提升了研究所科研基础条件，为研究所进一步发展奠定基础，促进了科研项目的顺利执行，提高了兽药研究水平；仪器的购置为研究所对外科技合作与人才培养提供了良好条件。

（4）按照项目管理办法，成立了项目领导小组和项目实施小组，制定了相关管理办法并遵照执行。同时严格执行了政府采购程序。

（5）项目档案资料齐全，各项手续完备。

专家组一致同意通过验收（表30、表31）。

表30　验收专家组名单

序号	姓名	单位	职称或职务	专业	备注
1	蒲瑞丰	甘肃省计量研究院	主任、高级工程师	仪器鉴定	组长
2	谢志强	甘肃金城工程监理有限责任公司	经理、高级工程师	工民建	组员
3	张玉凤	甘肃通达会计师事务有限公司	会计师、注册税务师	财　务	组员
4	张　莹	中国农业科学院哈尔滨兽医研究所	会计师	财　会	组员
5	李　铁	北京中天博宇投资顾问有限公司	注册咨询师	生　物	组员

表31　2006年度农业部科学事业单位修购项目执行情况统计表（仪器购置类项目）

金额：万元

<table>
<tr><th rowspan="3">项目名称</th><th colspan="3">资金使用情况</th><th colspan="12">项目完成情况</th><th rowspan="3">备注</th></tr>
<tr><th rowspan="2">预算批复</th><th rowspan="2">实际完成</th><th rowspan="2">资金执行率（%）</th><th colspan="2">实验室</th><th colspan="2">质检中心</th><th colspan="2">分析测试中心</th><th colspan="2">改良中心</th><th colspan="2">工程技术中心</th><th colspan="2">基地及野外台站</th></tr>
<tr><th>设备（台）</th><th>金额</th><th>设备（台）</th><th>金额</th><th>设备（台）</th><th>金额</th><th>设备（台）</th><th>金额</th><th>设备（台）</th><th>金额</th><th>设备（台）</th><th>金额</th></tr>
<tr><td>创新中兽药研究实验室仪器设备购置</td><td>680</td><td>680</td><td>100</td><td>22</td><td>680</td><td></td><td></td><td></td><td></td><td></td><td></td><td></td><td></td><td></td><td></td><td></td></tr>
<tr><td colspan="17">补充说明：无</td></tr>
</table>

填表人：袁志俊　　填表时间：2008年11月6日　　验收小组复核人：蒲瑞丰

四、项目建设成效

1. 科研基础条件得到极大的改观

通过仪器购置项目的执行，使研究所的科研仪器条件和设施得到改善和加强，完善了新药创制过程中的各个技术环节，基本具备了新药筛选研究系统、实施新药临床前安全评价研究规范（GLP）和临床试验研究规范（GCP）所要求的硬件条件，形成了创新药物研究的体系，从而大大提升研究所创新兽药的研发能力和动物源性食品安全研究的实力。

2. 促进了科研项目的顺利执行

项目实施后，研究所相关科研项目的开展无需依赖其他单位，节约了时间、精力和经费，同时保证了研究结果的可靠性，促进了科研项目执行的良性发展。

3. 为科技合作与人才培养提供了良好的条件

液质联用仪、气质联用仪等大型仪器设备购置并顺利运行后，研究所加大了对外科技检测和联合人才培养的工作。先后培养研究生60多人，博士15人。同时，与甘肃农业大学、西北民族大学等科研院所联合培养研究生，为农业科技人才的培养作出了贡献。同时，面向社会开放了液质联用仪、气质联用仪等仪器的对外检测服务，面向基层生产一线开展科技扶贫活动，对奶牛生产疾病控制、饲料安全、药物残留等提供义务检测服务，为农产品的安全生产提供保障（图144、图145、图146、图147、图148、图149、图150、图151）。

图 144　傅里叶变换红外光谱仪

图 145　高效液相色谱仪

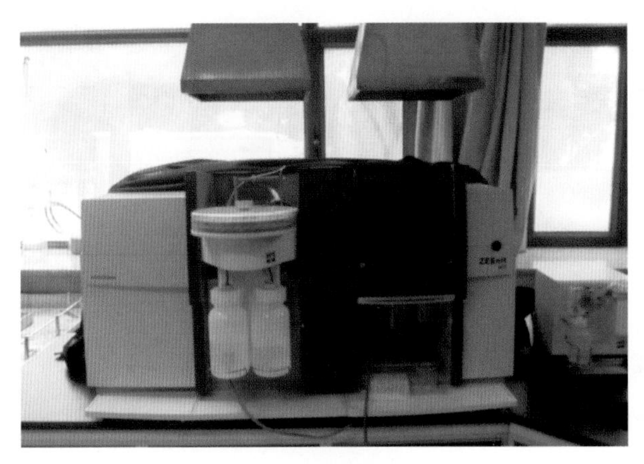

图 146　聚焦微波消解系统

图 147　凝胶成像分析系统

图 148　气质联用仪

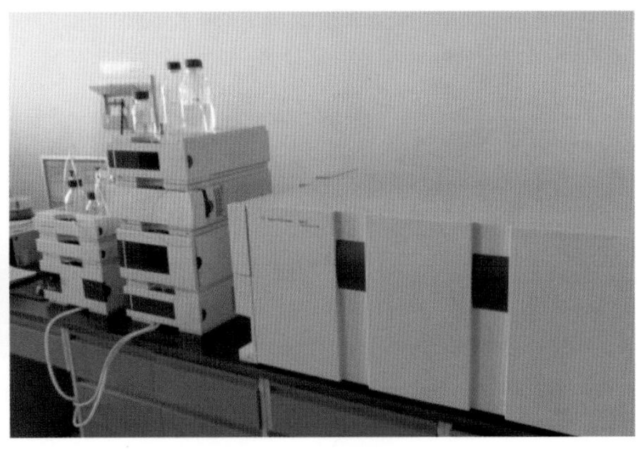

图 149　液质联用仪

图 150　全自动生化分析仪

图 151　原子吸收光谱仪

质检中心仪器购置

（2007 年）

一、项目背景

农业部动物毛皮及制品质量监督检验测试中心是依托研究所建立的较早的省部级科研平台。该中心于 2001 年 8 月 8—10 日首次顺利通过了国家计量认证和农业部审查认可，并于 2006 年 10 月顺利通过了复审。该中心主要承担动物纤维、毛皮及制品的物理、化学指标分析测试及相关质量标准的制定。主要检测参数有纤维细度、长度、净毛（绒）率、强力、伸长率及毛皮皮革撕裂力、耐折牢度、甲醛含量、重金属残留等。质检中心自成立以来，仪器设备更新速度慢，大多仪器已进入老化状态，性能严重下降，灵敏度较低，准确度差，而且经常发生故障，处于边修理边运行的状态，长此以往势必会制约质检中心的健康发展。鉴于此，急需购置一批先进的仪器设备，以满足检测工作的需要。

二、项目实施情况

（一）项目申报及批复情况

2007 年 6 月，研究所向主管部门上报了“质检中心仪器购置”项目申报材料。2008 年 1 月，农科院转发农业部关于仪器设备购置及升级改造项目实施方案的批复，项目立项并进入实施阶段，下达经费 355 万元，购置相关仪器设备 9 台套。项目进入实施阶段（表 32、表 33）。

（二）实施方案批复购置内容

表 32　实施方案批复购置仪器表

序号	仪器名称	数量	价格（万元）	采购方式	存放地点	备注
1	扫描电子显微镜+能谱仪	1	107. 80	A	动物毛皮质检中心	
2	MicroFoss 复杂乳制品成份分析仪	1	45. 80	A	动物毛皮质检中心	
3	高效液相色谱仪	1	52. 40	A	动物毛皮质检中心	
4	TF7500 荧光定量 PCR 仪	1	48. 80	A	动物毛皮质检中心	
5	GC6890 气相色谱仪	1	20. 58	A	动物毛皮质检中心	
6	MicroFoss 微生物快速分析仪	1	29. 40	A	动物毛皮质检中心	
7	紫外可见分光光度计	1	8. 82	A	动物毛皮质检中心	
8	AFS-3100 型双道全自动原子荧光光度计	1	19. 60	A	动物毛皮质检中心	
9	JOTON30 约顿精密恒温恒湿专用空调	1	14. 70	F	动物毛皮质检中心	
	合计	9	347. 90			

“采购方式”填写代号：A. 公开招标，B. 邀请招标，C. 竞争性谈判，D. 询价，E. 单一来源，F. 其他方式

（三）实际完成的购置情况

表 33　实际购置仪器情况表

序号	仪器名称	数量	价格（万元）	采购方式	存放地点	备注
1	扫描电子显微镜及能谱仪	1		A	动物毛皮质检中心	
2	复杂乳制品成份分析仪	1	208.43	A	动物毛皮质检中心	
3	高效液相色谱仪	1		A	动物毛皮质检中心	
4	荧光定量 PCR 仪	1	46.24	A	动物毛皮质检中心	
5	气相色谱仪	1	20.87	A	动物毛皮质检中心	
6	微生物快速分析仪	1	29.63	A	动物毛皮质检中心	
7	紫外可见分光光度计	1	8.92	A	动物毛皮质检中心	
8	双道全自动原子荧光光度计	1	19.82	A	动物毛皮质检中心	
9	精密恒温恒湿专用空调	1	15.00	F	动物毛皮质检中心	
10	低温冰箱	1	1.80	F	动物毛皮质检中心	增购
11	定量 PCR 仪转子	1	0.28	F	动物毛皮质检中心	增购（配件）
12	软化水装置	1	0.80	F	动物毛皮质检中心	增购（配件）
13	温度计等	1	0.73	F	动物毛皮质检中心	增购（配件）
	合计	13	352.52			

“采购方式”填写代号：A. 公开招标，B. 邀请招标，C. 竞争性谈判，D. 询价，E. 单一来源，F. 其他方式

项目于 2008 年 8 月开始实施，2009 年 12 月完成全部仪器安装试运行。

（四）项目管理情况

1. 组织管理机构（图 152）

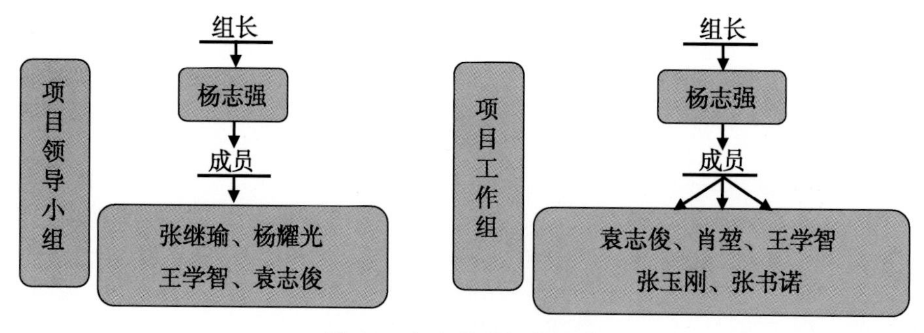

图 152　组织管理机构组成

2. 仪器购置招投标情况

根据实施方案批复要求，购置的 13 台仪器中，8 台套由中国农业科学院统一通过公开招标采购；1 台套属研究所自行组织采购，研究所以邀请招标的方式完成全部采购内容。在完成实施方案批复的仪器设备采购内容后，利用剩余项目资金自行组织增购小型仪器设备 1 台套/配件 3 台套。所有采购设备均与供货商签订了供货与维修服务合同，资料完备齐全。

三、项目验收情况

2010年8月3日，中国农业科学院组织专家在甘肃省兰州市对研究所承担的“质检中心”项目（项目编码：125161032301）进行了验收。此前，专家组于2010年7月24日在甘肃省兰州市查验了项目现场情况。验收专家组听取了项目单位关于实施情况的汇报，审阅了相关资料，经质询和讨论，形成如下意见。

（1）本项目按照《农业部中央级科学事业单位修缮购置专项资金仪器设备购置类项目实施方案（2007年）》的批复进行了实施，对照项目设备购置的实施方案，批复采购设备9台套，实际完成13台套仪器设备采购，项目内容已全部完成。

（2）中国农业科学院兰州畜牧与兽药研究所项目组织管理健全，按照项目管理办法，成立了项目领导小组，并由计划财务处负责项目的具体实施。

（3）设备采购执行了政府采购程序，按照项目实施方案批复的采购方式，其中8台套由中国农业科学院统一通过公开招标采购，其余仪器设备由该所通过邀请招标方式自行采购，完成了采购任务。设备已全部安装调试完毕，并投入使用，运行情况良好。

（4）经甘肃立信会计师事务所审计，专项经费实行了转账管理、专款专用，资金使用规范，并出具了专项审计报告。

（5）项目档案资料齐全，各项手续完备。

（6）通过项目实施，提升了中国农业科学院兰州畜牧与兽药研究所科技创新和人才培养的能力。

专家组一致同意通过验收（表34、表35）。

表34　验收专家组名单

序号	姓名	单位	职称或职务	专业	备注
1	闵顺耕	中国农业大学	教　授	分析化学	组长
2	胡守信	京开股份投资发展有限公司	高级工程师，一级结构师	工民建	组员
3	杨焕冬	京都天华会计师事务所	注册会计师	会计	组员
4	李国荣	中国水稻研究所财务处	高级会计师/处长	经济管理	组员
5	王　岳	中国农业科学院哈尔滨兽医研究所	副主任	自动控制	组员

表35　2007年度农业部科学事业单位修购项目执行情况统计表（仪器购置类项目）

金额：万元

项目名称	资金使用情况			项目完成情况												备注
	预算批复	实际完成	资金执行率（%）	实验室		质检中心		分析测试中心		改良中心		工程技术中心		基地及野外台站		
				设备（台）	金额	设备（台）	金额	设备（台）	金额	设备（台）	金额	设备（台）	金额	设备（台）	金额	
质检中心仪器设备购置	355	355	100			13	355									

补充说明：无

填表人：张玉刚　　填表时间：2010年8月3日　　验收小组复核人：闵顺耕

四、项目建设成效

1. 极大地提升了质检中心的检测能力

项目的实施，极大地提高了该质检中心畜产品质量安全分析和检测能力。例如牛奶中令人瞩目的三聚腈胺、畜禽产品兽药残留、违禁药物残留、毛皮制品中的游离甲醛、偶氮染料含量等均可通过高效液相色谱来分析和检测；饲料中的农药残留如六六六、DDT 等，食品中的苏丹红等可通过气相色谱来检测，动物产品中的重金属等有毒有害物质可通过双道荧光原子吸收光谱来分析和检测；电子扫描显微镜在动物毛皮的分类和鉴别研究上将发挥重要作用。

2. 进一步拓宽了质检中心的检测范围

该中心在 2010 年的国家计量认证、机构审查认可及农业部农产品安全检测机构考核复评审中通过了涉及该项目仪器的 20 多个项目及参数，主要有食品及饲料中主要营养成分分析，牛奶主要营养成分及微生物检测、牛奶及食品中维生素 A、D、E 等的检测、牛奶及食品中重金属汞、砷等的检测、牛奶中三聚腈胺检测、食品中苏丹红检测等。

3. 仪器的购置为中心对外科技合作与人才培养提供了良好的条件

高效液质色谱仪、扫描电子显微镜等大型仪器设备购置并顺利运行后，该中心加大了对外科技检测和联合人才培养的工作。先后培养研究生 10 多人。并同福建省纤维检验所、北京故宫博物院等建立了科研合作关系，共同研究古代皇室用裘皮种类的鉴别，毛皮服装质量评价等，扩大了中心的知名度。下一步该中心将与英国食品与环境研究中心合作研究应用于司法领域的野生动物种类的鉴别（图 153、图 154、图 155、图 156、图 157、图 158）。

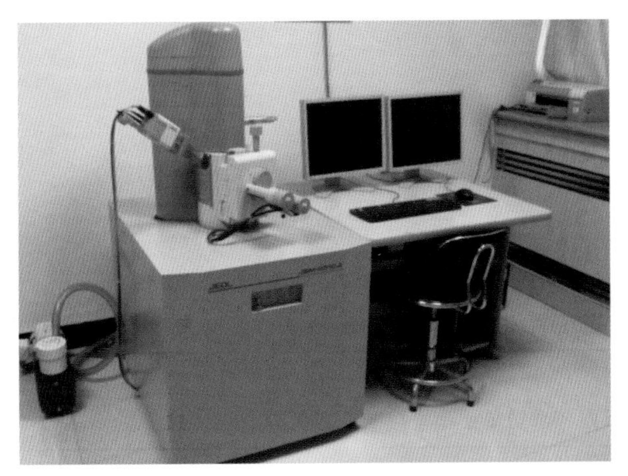

图 153　扫描电子显微镜

图 154　复杂乳制品成分分析仪

图 155　高效液相色谱仪

图 156　荧光定量 PCR 仪

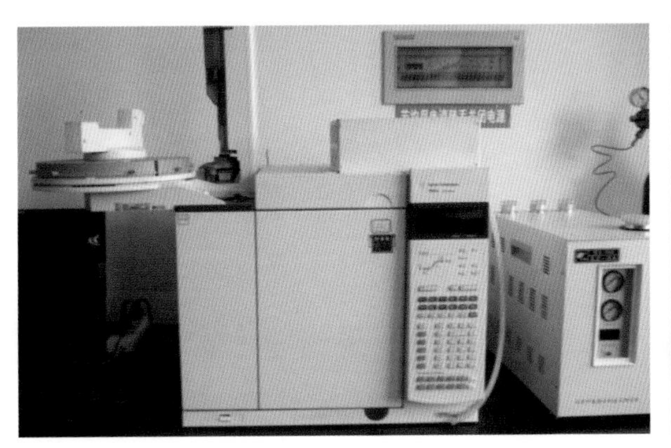

图 157　气相色谱仪

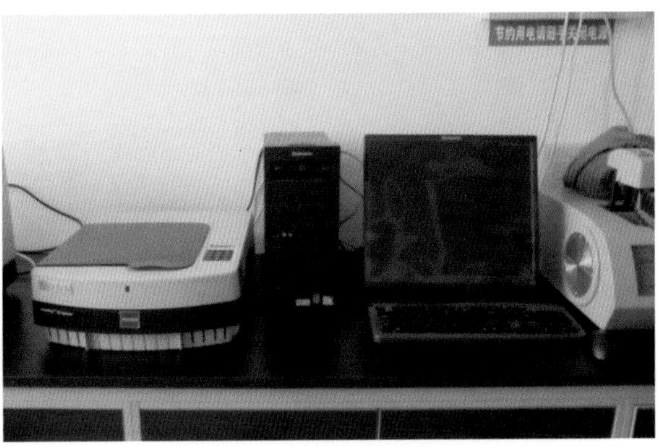

图 158　微生物快速分析仪

恒温恒湿室改造升级

（2007 年）

一、项目背景

研究所质检中心恒温恒湿室是“农业部动物毛皮及制品质量监督检验测试中心（兰州）”最主要的科研硬件设施，是从事动物纤维毛皮检测工作的最基本的条件。恒温恒湿室面积 30 平方米，恒温恒湿机组采购于 1998 年，恒温恒湿设备故障多，部分部件老化，其中温控部分组件可满足控制检测要求，但是湿度控制组件由于功率小且部件老化，无法达到相关标准要求。同时，由于“农业部动物毛皮及制品质量监督检验测试中心（兰州）”筹建期间，资金紧张，恒温恒湿室的装修比较简单，噪音大，异味浓，不利于环保和科研人员的身心健康。随着“中心”检测业务的扩展，原有恒温恒湿室已不能满足承检产品的需要，严重影响“中心”检测工作的正常开展。因此急需对现用的恒温恒湿室进行改造、升级。

二、项目实施情况

（一）项目申报及批复情况

2007 年 6 月，研究所向主管部门上报了“恒温恒湿室改造升级”项目申报材料。2008 年 1 月，农科院转发农业部关于仪器设备购置及升级改造项目实施方案的批复，项目立项并进入实施阶段，下达经费 10 万元。项目进入实施阶段。

（二）实施方案批复改造内容

送风管道改造，采用强制均匀送风，使每个送风区的风量达到均匀；静压消声处理，在主机出风口作静压消声处理；加湿器及控制系统改造升级，加湿器改造为电极式无级加湿器，加湿量无级调节，同时湿度控制采用奥地利高精度测量湿度变送器，保证精确地控制加湿器的加湿量，使湿度达到要求；缓冲间改造，减少室内温湿度波动；恒温恒湿室面积扩大。目标：噪音控制在 50dB 以下；温度控制在 20℃±2℃；湿度控制在 65%±3%，面积达到 50m^2。

（三）实际完成的改造情况

（1）送风管道改造，采用强制均匀送风，使每个送风区的风量达到均匀。

（2）静压消声处理，在主机出风口作静压消声处理。

（3）加湿器及控制系统改造升级，加湿器改造为电极式无级加湿器，加湿量无级调节，同时湿度控制采用奥地利高精度测量湿度变送器，保证精确地控制加湿器的加湿量，使湿度达到要求。

（4）缓冲间改造，减少室内温湿度波动。

（5）扩大恒温恒湿室面积。

项目完成后，面积由原来的 30m^2 扩展到 60m^2，工作台面处恒温恒湿环境达到了温度 20℃±1℃，湿度达到了 65%±3%，噪音低于 50DB，有害气体经甘肃省产品质量监督检验中心测试，甲醛、苯、氨、氡、TVOC 含量均符合国家标准 GB/T 18883—2002 的要求。

（四）项目管理情况

1. 组织管理机构

由质检中心主任高雅琴、科研人员杜天庆、牛春娥、梁丽娜组成项目工作小组，负责组织实施，明确分工，责任到人。

2. 升级改造招投标情况

研究所经市场调研和集体决策，确定甘肃贝尔制冷空调有限公司承担项目升级改造工程。

三、项目验收情况

（一）初步验收

2009 年 12 月研究所组织项目相关单位对恒温恒湿室升级改造项目进行了现场验收，经甘肃省气象局和省环保部门检测鉴定，项目质量合格并通过验收。

（二）项目验收

2010 年 8 月 3 日，中国农业科学院组织专家在甘肃省兰州市对研究所承担的“恒温恒湿室升级改造”项目（项目编码：125161032401）进行了验收。此前，专家组于 2010 年 7 月 24 日在甘肃省兰州市查验了项目现场情况。验收专家组听取了项目单位关于实施情况的汇报，审阅了相关资料，经质询和讨论，形成如下意见。

（1）本项目按照《农业部中央级科学事业单位修缮购置专项资金仪器设备升级改造类项目实施方案（2007 年）》的批复进行了实施，对照项目仪器升级改造的实施方案，完成仪器升级改造，项目内容已全部完成。甘肃省气象计量测定站和甘肃省产品质量监督检验中心出具了测试报告，检测结果合格。

（2）中国农业科学院兰州畜牧与兽药研究所项目组织管理健全，按照项目管理办法，成立了项目领导小组，并由计划财务处负责项目的具体实施。项目管理程序规范，项目实施按照国家相关法律法规执行。

（3）经甘肃立信会计师事务所审计，专项经费实行了转账管理、专款专用，资金使用规范，并出具了专项审计报告。

（4）项目档案资料齐全，各项手续完备。

（5）通过项目实施，提升了该所质检中心的工作效率，对该所科研基础条件的改善起到积极作用。

专家组一致同意通过验收（表 36、表 37）。

表 36　验收专家组名单

序号	姓名	单位	职称或职务	专业	备注
1	闵顺耕	中国农业大学	教　授	分析化学	组长
2	胡守信	京开股份投资发展有限公司	高级工程师，一级结构师	工民建	组员
3	杨焕冬	京都天华会计师事务所	注册会计师	会计	组员
4	李国荣	中国水稻研究所财务处	高级会计师、处长	经济管理	组员
5	王　岳	中国农业科学院哈尔滨兽医研究所	副主任	自动控制	组员

表 37　2007 年度农业部科学事业单位修购项目执行情况统计表（仪器设备升级改造类项目）

金额：万元

项目名称	资金使用情况			项目完成情况												备注
				实验室		质检中心		分析测试中心		改良中心		工程技术中心		其他		
	预算批复	实际完成	资金执行率（%）	设备（台）	金额	设备（台）	金额	设备（台）	金额	设备（台）	金额	设备（台）	金额	设备（台）	金额	
恒温恒湿室升级改造项目	10	10	100			1	10									

补充说明：无

填表人：张玉刚　　填表时间：2010 年 8 月 3 日　　验收小组复核人：闵顺耕

四、项目建设成效

该项目的完成，以及新的恒温恒湿机组的安装与运行，使毛皮及皮革的质量检验能够在一个恒定的温湿度条件下进行，确保了检测数据的准确、可靠；室内环境条件大大优于原来的水平，降低了工作噪音，减少了有害气体的含量，使检测人员能够在一个比较舒适、安全的环境中工作，极大地提高了该质检中心工作效率，同时也保证了职工的人身健康（图 159、图 160）。

图 159　恒温恒湿空调机组

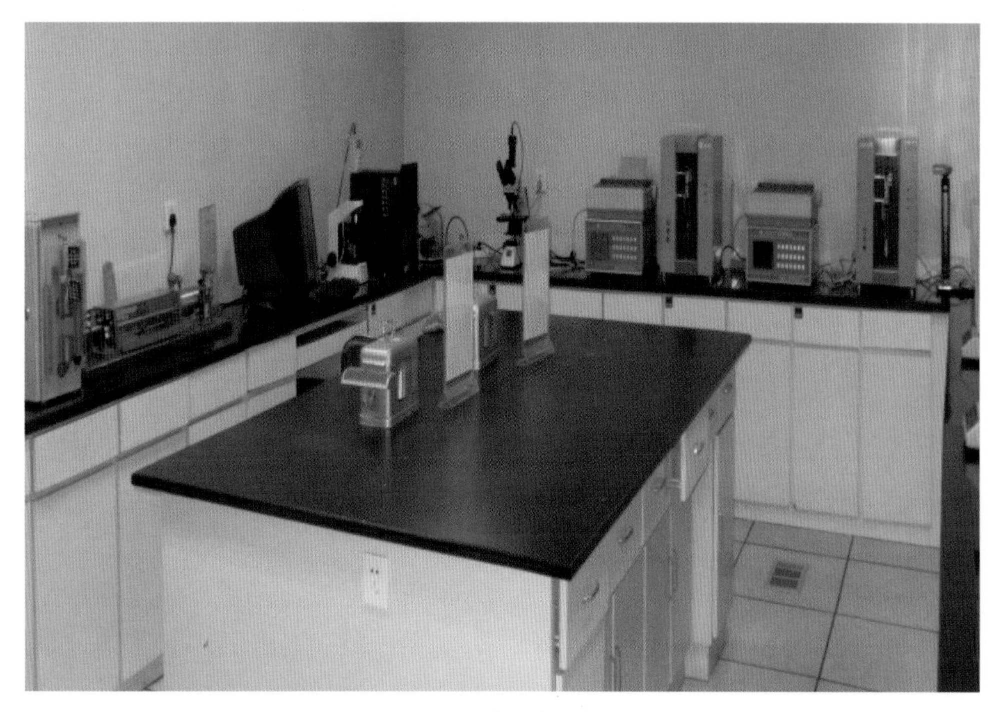

图 160　恒温恒湿室

牦牛藏羊分子育种创新研究仪器设备购置

（2009 年）

一、项目背景

牦牛、藏羊是我国青藏高原地区特有的畜种和优势遗传资源，是青藏高原高寒牧区牧民不可替代的生产生活资料。研究室多年来一直从事牛羊遗传育种与繁殖方面的科研工作，在生产与科研、理论与实践等方面积累了丰富的经验，研究内容涉及牛羊的生殖生理、选种选配、遗传繁育、杂交改良、饲养管理、畜产品加工等，取得了多项研究成果，尤其在牛羊胚胎移植、牛羊胚胎体外生产、牛羊肉质性状和生长发育性状候选基因研究、牛羊多胎主基因的分子标记研究、牛羊功能基因的物理定位及其比较基因组学研究、羊毛品质研究等方面取得了优异的成绩，同时在牛羊重要功能目标性状的基因定位、分子克隆、转基因、基因调控、细胞核移植等方面开展了基础研究。在国内外已发表科研论文 200 余篇，取得国家、省部级科研成果 10 余项。现已形成集分子生物技术、胚胎生物技术于一体的科研团队，为西部牛羊产业尤其是牦牛、藏羊向高产、优质、高效、安全、生态的方向发展做出了积极贡献。

畜牧研究室牛羊科研工作在国际上具有广泛而积极的社会和学术影响，取得了明显的社会效益和可观的经济效益。但是根据国内外科研动态及新技术、新方法的前沿进展，现有科学仪器设备已不能满足牦牛、藏羊、奶牛、肉羊的科学研究，在高效繁殖生物技术、分子育种技术方面缺少先进的仪器设备，尤其是牦牛、藏羊许多研究领域还未涉足。这就需要先进的科学仪器设备服务于牛羊科学研究与生产实践，填补牛羊尤其是牦牛、藏羊等研究领域中的空白，同时改良牛羊品质，提高生产性能，增强区域经济收益。所以，急需购置相关高水平的科研仪器设备，稳固研究所在牦牛、藏羊科研领域的先进地位，更好地促进青藏高原地区牦牛、藏羊生产高效、安全、可持续发展。

二、项目实施情况

（一）项目申报及批复情况

2008 年 8 月，研究所向主管部门上报了“牦牛藏羊分子育种创新研究仪器设备购置”项目申报材料。2009 年 4 月，农科院转发农业部关于仪器设备购置及升级改造项目实施方案的批复，项目立项并进入实施阶段，下达经费 520 万元，购置相关仪器设备 19 台套（表 38、表 39）。

（二）实施方案批复购置内容

表 38　实施方案批复购置仪器表

序号	仪器名称	数量	价格（万元）	采购方式	存放地点	备注
1	全自动智能染色体核型分析系统	1	36. 26	A	畜牧研究室	
2	生物显微镜	1	27. 44	A	畜牧研究室	
3	体式显微镜	1	18. 62	A	畜牧研究室	
4	荧光倒置相差显微镜	1	34. 30	A	畜牧研究室	

（续表）

序号	仪器名称	数量	价格（万元）	采购方式	存放地点	备注
5	冻干机	1	14.70	A	畜牧研究室	
6	全自动智能 mFISH 多色复合荧光原位杂交仪	1	39.20	A	畜牧研究室	
7	多色荧光实时 PCR 仪	1	41.16	A	畜牧研究室	
8	PCR 基因扩增仪	1	9.80	A	畜牧研究室	
9	蛋白质组学系统	1	35.28	A	畜牧研究室	
10	显微操作仪系统	1	58.80	A	畜牧研究室	
11	动物腹腔内窥镜	1	11.76	A	畜牧研究室	
12	细胞融合仪	1	12.74	A	畜牧研究室	
13	兽用活体背膘测定+活体采卵仪	1	35.48	A	畜牧研究室	
14	便携式兽用 B 超	1	9.60	A	畜牧研究室	
15	蛋白质纯化系统	1	44.10	A	畜牧研究室	
16	实验室纯水系统	1	22.54	A	畜牧研究室	
17	纤维素测定仪	1	11.76	A	畜牧研究室	
18	凯氏定氮仪	1	16.66	A	畜牧研究室	
19	高通量自动蛋白切割系统	1	29.40	A	畜牧研究室	
	合计	19	509.60			

“采购方式”填写代号：A. 公开招标，B. 邀请招标，C. 竞争性谈判，D. 询价，E. 单一来源，F. 其他方式

（三）实际完成的购置情况

表 39　实际购置仪器情况表

序号	仪器名称	数量	价格（万元）	采购方式	存放地点	备注
1	全自动智能染色体核型分析系统	1	27.70	A	畜牧研究室	
2	生物显微镜	1	46.44	A	畜牧研究室	
3	体式显微镜	1		A	畜牧研究室	
4	荧光倒置相差显微镜	1	17.90	A	畜牧研究室	
5	冻干机	1	9.98	A	畜牧研究室	
6	全自动智能 mFISH 多色复合荧光原位杂交仪	1	34.20	A	畜牧研究室	
7	多色荧光实时 PCR 仪	1	41.47	A	畜牧研究室	
8	PCR 基因扩增仪	1	9.60	A	畜牧研究室	
9	蛋白质组学系统	1	33.75	A	畜牧研究室	
10	显微操作仪系统	1	67.90	A	畜牧研究室	

（续表）

序号	仪器名称	数量	价格（万元）	采购方式	存放地点	备注
11	动物腹腔内窥镜	1	11.50	A	畜牧研究室	
12	细胞融合仪	1	21.65	A	畜牧研究室	
13	兽用活体背膘测定+活体采卵仪	1	35.20	A	畜牧研究室	
14	便携式兽用B超	1	9.45	A	畜牧研究室	
15	蛋白质纯化系统	1	44.50	A	畜牧研究室	
16	实验室纯水系统	1	21.38	A	畜牧研究室	
17	纤维素测定仪	1	9.95	A	畜牧研究室	
18	凯氏定氮仪	1	12.67	A	畜牧研究室	
19	高通量自动蛋白切割系统	—	—	—	—	废标未购置
20	高分辨溶解曲线分析系统（LightscannerHR I 96）	1	19.73	F	畜牧研究室	增购
21	脉冲电泳系统（BIORAD CHEF MAPPER）	1	39.10	F	畜牧研究室	增购
	合计	20	514.07			

“采购方式”填写代号：A. 公开招标，B. 邀请招标，C. 竞争性谈判，D. 询价，E. 单一来源，F. 其他方式

项目于2009年6月开始，2010年8月完成全部仪器安装试运行。

（四）项目管理情况

1. 组织管理机构（图161）

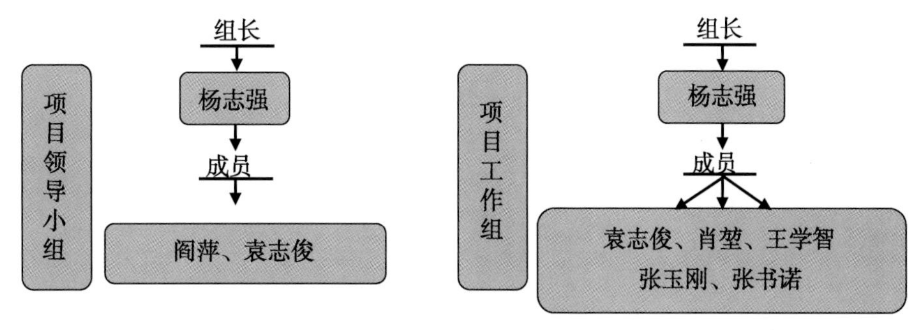

图161　组织管理机构组成

2. 仪器购置招投标情况

根据中国农业科学院“关于做好2009年修购专项仪器设备类购置项目采购工作的通知”（农科办财〔2009〕64号）要求，中国农业科学院委托中国远东国际招标公司在北京公开招标，集中采购项目仪器8台（套）。

根据中国农业科学院财务局“关于做好2009年‘修购专项’院集中采购科研仪器设备技术配置确认工作的通知”（农科财（资）函〔2009〕34号）文件要求，研究所委托甘肃机械国际招标有限公司在兰州对11台仪器进行了公开招标。由于高通量自动蛋白切割系统偏离预算较多，废标未购置，最终通过公开招标采购仪器10台（套）。剩余经费经上级主管部门批复，由研究所自行组织采购高分辨溶解曲线分析系统、脉冲电泳系统2台（套）。

所有采购设备与供货厂商签订了供货与维修服务合同，资料完备齐全。

三、项目验收情况

2011 年 9 月 18—20 日，中国农业科学院组织专家在甘肃兰州对农业部中国农业科学院兰州畜牧与兽药研究所承担的“牦牛藏羊分子育种创新研究仪器购置”项目（项目编号 125161032301）进行了验收，专家组听取了项目单位关于项目实施情况的汇报，查验了现场，审阅了相关资料，经质询和讨论，形成如下意见。

（1）项目按照《农业部中央级科学事业单位修缮购置专项资金仪器设备购置类项目实施方案》（农办科［2009］18 号）的批复组织实施，项目内容已全部完成。

（2）项目组织管理健全，按照项目管理办法，成立了项目领导小组，并由专门部门负责项目的具体实施。项目管理程序较规范，项目实施按照国家相关法律法规执行。

（3）按照项目实施方案批复计划采购 19 台套仪器设备，实际采购 20 台套仪器设备，完成了批复采购内容。其中 8 台套设备由中国农业科学院统一组织采购，10 台套设备委托甘肃机械国际招标有限公司通过公开招标方式采购，2 台套设备自行组织采购。仪器设备采购程序符合国家有关政府采购规定。以上设备已全部安装调试完毕，并投入使用。

（4）经甘肃立信会计师事务所财务审计，财务管理情况良好，专项经费实行了专账管理、专款专用，资金使用合理规范。

（5）项目档案资料齐全，各项手续完备。

（6）项目实施后，对研究所牦牛藏羊学科发展奠定了良好的基础，促进了牦牛藏羊科研项目的顺利执行，提高了畜牧研究水平。

专家组一致同意通过验收（表 40、表 41）。

表 40　验收专家组名单

序号	姓名	单位	职称或职务	专业	备注
1	顾利民	中国科学院植物研究所	研究员	生　物	组长
2	曹曙明	农业部南京农业机械化研究所	研究员	工程管理	组员
3	胡守信	河北省保定市城乡建筑设计院	高级工程师	工民建	组员
4	杨焕冬	京都天华会计师事务所	注册会计师	财　政	组员
5	李国荣	中国水稻研究所	高级会计师	财务管理	组员

表 41　2007 年度农业部科学事业单位修购项目执行情况统计表（仪器设备购置类项目）

金额：万元

<table>
<tr><th rowspan="3">项目名称</th><th colspan="3">资金使用情况</th><th colspan="12">项目完成情况</th><th rowspan="3">备注</th></tr>
<tr><th rowspan="2">预算批复</th><th rowspan="2">实际完成</th><th rowspan="2">资金执行率（%）</th><th colspan="2">实验室</th><th colspan="2">质检中心</th><th colspan="2">分析测试中心</th><th colspan="2">改良中心</th><th colspan="2">工程技术中心</th><th colspan="2">基地及野外台站</th></tr>
<tr><th>设备（台）</th><th>金额</th><th>设备（台）</th><th>金额</th><th>设备（台）</th><th>金额</th><th>设备（台）</th><th>金额</th><th>设备（台）</th><th>金额</th><th>设备（台）</th><th>金额</th></tr>
<tr><td>牦牛藏羊分子育种创新研究仪器购置</td><td>520</td><td>520</td><td>100</td><td>20</td><td>520</td><td></td><td></td><td></td><td></td><td></td><td></td><td></td><td></td><td></td><td></td><td></td></tr>
</table>

补充说明：无

填表人：邓海平　填表时间：2011 年 9 月 20 日　验收小组复核人：顾利民

四、项目建设成效

项目执行前，该畜牧研究室常用大中型仪器条件设施比较落后，而且已有的部分仪器性能严重下降，灵敏度较低，准确度差，而且经常发生故障，远不能适应牦牛藏羊种质资源创新利用研究的需要，影响了研究工作的正常开展，制约了牦牛藏羊产业的持续健康发展。由于研究条件的制约，一些先进的技术在牦牛藏羊生产中得不到应用与推广，严重制约了牦牛藏羊研究水平的提高和可持续发展。

通过仪器购置项目的实施对研究所科技创新能力的提升奠定了良好的基础。

（1）科研基础条件得到改善，为本所牦牛藏羊学科跨越式发展奠定基础。通过牦牛藏羊分子育种创新仪器购置项目的执行，使研究所的科研仪器条件和设施得到改善和加强，完善了牦牛藏羊繁育学科建设过程中的各个技术环节，具备了研究牦牛藏羊繁育、种质检测、营养调控及开展相关学科研究的条件，形成了牦牛藏羊创新研究技术体系，从而大大提升了研究所牛羊新品种培育的研究实力和牛羊繁育、营养调控学科建设的科研水平。

（2）促进了牦牛藏羊科研项目的顺利执行，提高了畜牧研究水平。畜牧研究室研究内容涉及牛羊育种、繁殖调控、生殖生理、细胞工程、基因工程等方面，仪器购置后科研条件得到显著改善，陆续获得多项牦牛、藏羊科研项目。仪器购置前，牦牛藏羊项目所涉及的部分研究内容，主要借助于其他科研单位、高校的条件。仪器购置后，基本具备了从基因水平、分子水平、细胞水平开展牦牛藏羊科学研究的条件，不仅节约了科技人员的时间、精力，而且保证了研究结果的可靠性，提高了研究水平，促进了科研项目执行的良性发展。实验室纯水系统为牦牛藏羊科学研究，提供了各种用水保障；荧光相差倒置显微镜、体式显微镜、生物显微镜、数控显微操作系统、细胞融合仪为牦牛藏羊胚胎工程实验室的高效运转与操作提供了基本科研平台，能满足各种细胞操作需求；蛋白质纯化系统、蛋白质组学系统、PCR 基因扩增仪、多色荧光实时 PCR 仪、高分辨溶解曲线分析系统、脉冲电泳系统为牦牛藏羊从蛋白质水平、基因水平开展种质资源创新利用提供了操作平台；全自动智能 mFISH 多色复合荧光原位杂交仪、全自动智能染色体核型分析系统为牦牛藏羊的核型分析、染色体分析提供了基本操作条件；定氮仪、冻干机、纤维素测定仪改善了牦牛藏羊营养调控与营养成分测定条件，加快了研究速度，又减少了能源浪费；兽用活体背膘测定+活体采卵仪、动物腹腔内窥镜、便携式兽用 B 超的购置，为牛羊繁殖调控、胚胎移植、人工授精、妊娠诊断提供了技术平台，为高新繁育技术的应用搭建了基本硬件条件。购置的 20 台（套）仪器设备极大地改善了研究所畜牧研究室科研条件，加快了科研进度，提升了科技成果的科技含量。

大型精密科研仪器的购置为本研究所承担国家重大科技项目的顺利实施和成果孵化产生了积极的作用。自 2009 年修购项目实施以来，研究所的科研基础条件有了质的飞跃，科技自主创新能力得到很大的提高，畜牧研究室先后获得各级各类科研项目 10 余项，科研经费累计达 2 000 余万元，各类项目得以顺利实施，鉴定和获奖科技成果逐年提高。目前，这些仪器设备的利用率较高，为科研项目的顺利实施与完成奠定了基础。

（3）仪器的购置为研究所对外科技合作与人才培养提供了良好的条件。多色荧光实时 PCR 仪、数控显微操作系统、高分辨溶解曲线分析系统等大型仪器设备购置并顺利运行后，本研究所加大了对外科技检测和联合人才培养的工作。目前研究室有访问学者 6 人，已培养研究生 15 人，其中博士 5 人。同时，与甘肃农业大学、西北民族大学等科研院所联合培养研究生，为农业科技人才的培养做出了重要贡献（图 162、图 163、图 164、图 165、图 166、图 167、图 168、图 169）。

图 162　显微操作仪系统图

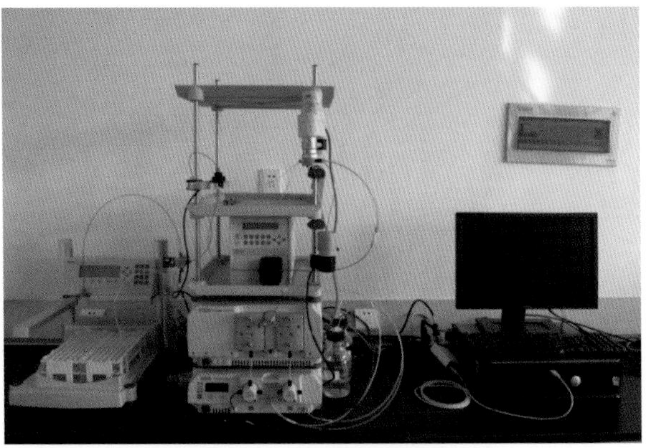

图 163　蛋白质纯化系统

图 164　蛋白质组学系统图

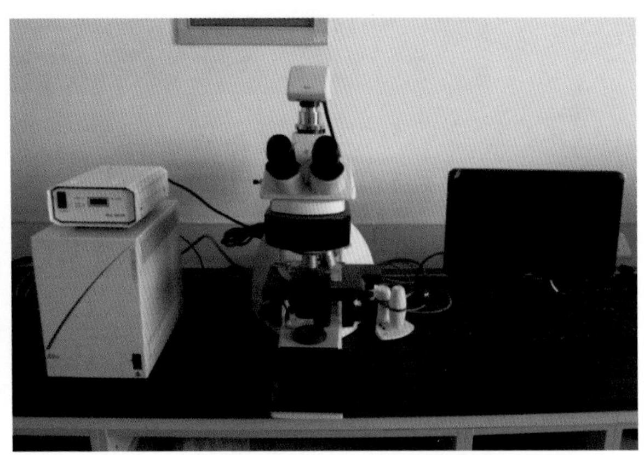

图 165　全自动智能多色复合荧光原位杂交仪

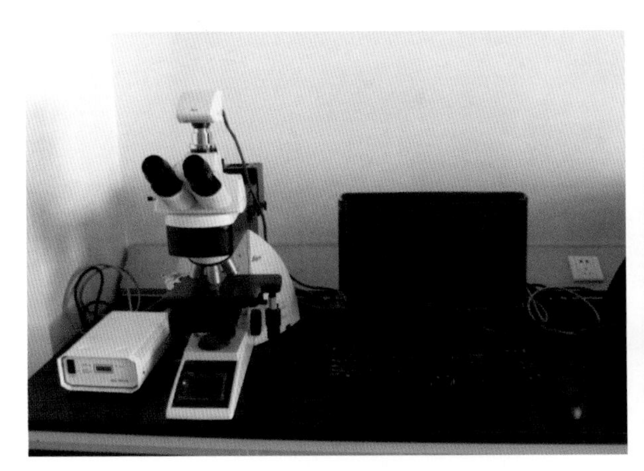

图 166　全自动智能染色体核型分析系统图

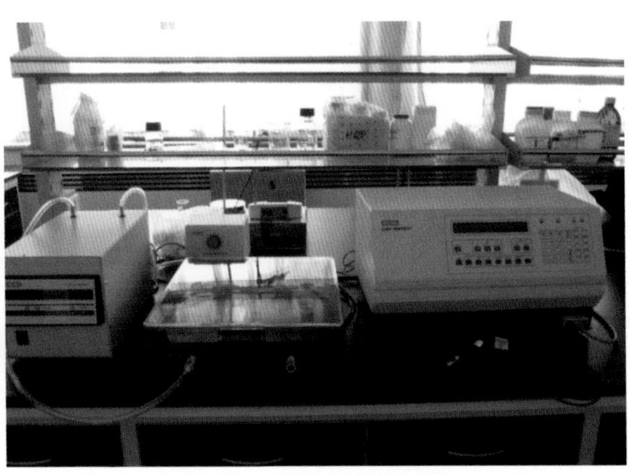

图 167　脉冲场电泳系统

图 168　兽用活体背膘测定 + 活体采卵仪图

图 169　多色荧光实时 PCR 仪

中兽医药现代化研究仪器设备购置

（2010 年）

一、项目背景

中兽医药学是我国传统文化瑰宝和科学技术遗产之一，是中华民族传统医学的重要组成部分，在我国兽医学、世界兽医学的形成和发展史上有着举足轻重的地位。研究所是我国最早，也是唯一一所开展中兽医药研究的国家级科研院所。中兽医药现代化研究是中国农业科学院兰州畜牧与兽药研究所中长期规划和重要研究方向之一，主要从事中兽医基础理论研究和中兽医药在现代畜牧业生产中畜禽疾病群体防治中的应用研究，目的是推动中兽医药现代化、标准化和国际化进程，充分挖掘和发挥中兽医药在动物源性食品安全生产中的优势。2007 年国家首次将中兽药现代化技术列入了重点研究内容，2008 年将“中兽药现代化技术研究与开发”列为支撑计划，研究所作为项目牵头单位组织全国从事中兽医药研究的各级单位共同承担该项目，研究所共取得了约 800 万元的科研经费和研究任务，已开展了大量研究工作，形成了一个有 30 多个研究骨干的创新团队，建立了 9 个从事中兽医药现代技术与理论基础等相关研究的实验室。与英、美、德、法、韩、日等国的高校、科研单位和企业建立了长期合作关系，已取得了多项研究成果。

研究所虽然已有 50 年从事中兽医药研究的历史，已取得了多项研究成果，但研究经费一直不足，多年来国家没有相关专项经费支持。因此，仪器设备比较滞后，现有的大型仪器设备主要测重化学药品研究领域和质量标准检测工作，中兽医药研究领域的科研设备均比较落后，没有一台件 20 万元以上的仪器设备，仅有的几台 10 多万元的仪器设备，均为 80 年代的产品，多数已老化并面临淘汰，近几年虽有发展，但仪器仍没有得到更新，从而限制了学科研究进展。由此带来了很多问题：传统中兽医药的个体防病模式难以应用到现代畜牧业疾病群体防治中；中兽医药标准化程度较低，不能得到客观评价；阻碍了中兽医药现代化进程；基础研究得不到突破性进展；没有完善的中兽医药评价体系；限制了中兽医药创新研究等。因此，亟须实施仪器采购专项为保障“中兽药现代化技术研究和开发”项目的顺利实施以及研究所中兽医药现代化研究的顺利开展提供条件平台。

二、项目实施情况

（一）项目申报及批复情况

2009 年 6 月，研究所向主管部门上报了“中兽医药现代化研究仪器设备购置”项目申报材料。2010 年 3 月，农科院转发农业部关于仪器设备购置及升级改造项目实施方案的批复，项目立项并进入实施阶段，下达经费 440 万元，购置相关仪器设备 18 台套（表 42、表 43）。

（二）实施方案批复购置内容

表 42　实施方案批复购置仪器表

序号	仪器名称	数量	价格（万元）	采购方式	存放地点	备注
1	薄层色谱扫描成像分析系统	1	40.00	A	中兽医研究室	

（续表）

序号	仪器名称	数量	价格（万元）	采购方式	存放地点	备注
2	16道生理信号记录分析系统（16道生理电导仪分析模块一套）	1	15.70	A	中兽医研究室	
3	高速逆流色谱仪	1	22.00	A	中兽医研究室	
4	多联发酵罐	1	22.00	A	中兽医研究室	
5	全自动真空组织脱水机	1	19.50	A	中兽医研究室	
6	全自动染色机	1	17.00	A	中兽医研究室	
7	冷冻切片机	1	14.50	A	中兽医研究室	
8	全自动石蜡包埋机	1	7.00	A	中兽医研究室	
9	低温冷冻落地式大容量离心机	1	18.50	A	中兽医研究室	
10	研究级倒置万能显微镜（生物显微图像分析系统）	1	26.00	A	中兽医研究室	
11	厌氧培养箱	1	10.00	A	中兽医研究室	
12	紫外可见分光光度计	1	11.00	A	中兽医研究室	
13	实时荧光定量PCR	1	32.00	A	中兽医研究室	
14	超速（低温冷冻）离心机	1	45.00	A	中兽医研究室	
15	梯度PCR	1	7.00	A	中兽医研究室	
16	高效液相色谱仪	1	44.00	A	中兽医研究室	
17	流式细胞仪	1	68.00	A	中兽医研究室	
18	电动轮转式切片机	1	12.00	A	中兽医研究室	
	合计	18	431.20			

“采购方式”填写代号：A. 公开招标，B. 邀请招标，C. 竞争性谈判，D. 询价，E. 单一来源，F. 其他方式

（三）实际完成的购置情况

表43 实际购置仪器情况表

序号	仪器名称	数量	价格（万元）	采购方式	存放地点	备注
1	薄层色谱扫描成像分析系统	1	39.96	A	中兽医研究室	
2	16道生理信号记录分析系统（16道生理电导仪分析模块一套）	1	11.80	A	中兽医研究室	
3	高速逆流色谱仪	1	25.50	A	中兽医研究室	
4	多联发酵罐	1	20.48	A	中兽医研究室	
5	全自动真空组织脱水机	1	15.92	A	中兽医研究室	
6	全自动染色机	1	17.14	A	中兽医研究室	
7	冷冻切片机	1	15.10	A	中兽医研究室	

（续表）

序号	仪器名称	数量	价格（万元）	采购方式	存放地点	备注
8	全自动石蜡包埋机	1	9.40	A	中兽医研究室	
9	低温冷冻落地式大容量离心机	1	9.75	A	中兽医研究室	
10	研究级倒置万能显微镜	1	23.00	A	中兽医研究室	
11	厌氧培养箱	1	10.35	A	中兽医研究室	
12	紫外可见分光光度计	1	12.92	A	中兽医研究室	
13	实时荧光定量 PCR	1	29.90	A	中兽医研究室	
14	超速（低温冷冻）离心机	1	53.675	A	中兽医研究室	
15	梯度 PCR	1	5.05	A	中兽医研究室	
16	高效液相色谱仪	1	40.00	A	中兽医研究室	
17	流式细胞仪	1	63.28	A	中兽医研究室	
18	电动轮转式切片机	1	10.24	A	中兽医研究室	
19	显微镜	1	6.90	F	中兽医研究室	
20	PCR 仪	1	6.80	F	中兽医研究室	
21	双层全温度恒温振荡摇床	1	1.92	F	中兽医研究室	
22	全自动动物血细胞分析仪	1	4.38	F	中兽医研究室	
	合计	22	433.68			

“采购方式”填写代号：A. 公开招标，B. 邀请招标，C. 竞争性谈判，D. 询价，E. 单一来源，F. 其他方式

项目于 2010 年 5 月开始，2012 年 6 月完成全部仪器安装试运行。

（四）项目管理情况

1. 组织管理机构（图 170）

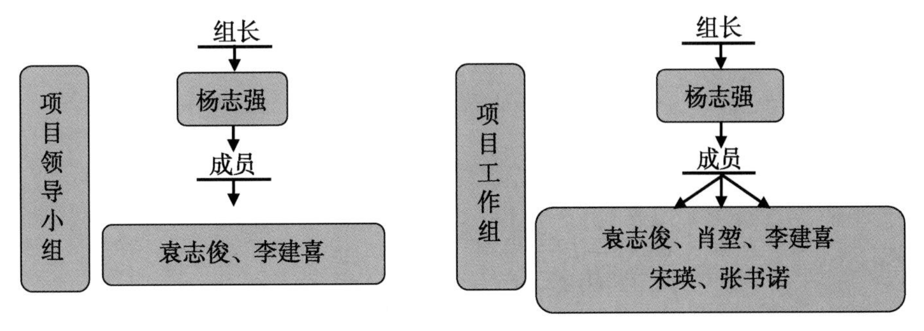

图 170　组织管理机构组成

2. 仪器购置招投标情况

实施方案中批复的 18 台仪器，分为 9 包，委托甘肃机械国际招标有限公司为招标代理，在兰州通过公开招标确定采购单位。在完成实施方案批复的 18 台仪器招标后，项目经费仍有结余，所以研究所根据工作需要，自行组织购买了 PCR 仪、双层全温度恒温摇床、全自动动物血细胞分析仪、显微镜 4 台仪器。项目共计采购仪器设备 22 台（套）所有采购设备与供货厂商签订了供货与

维修服务合同，资料完备齐全，项目设备全部到位。

三、项目验收情况

2013 年 9 月 6—8 日，中国农业科学院组织专家在甘肃兰州对中国农业科学院兰州畜牧与兽药研究所承担的“中兽医药现代化研究仪器设备购置”项目（项目编号 125161032301）进行了验收，专家组听取了项目单位关于项目实施情况的汇报，查验了现场，审阅了相关资料，经质询和讨论，形成如下意见。

（1）项目按照《农业部中央级科学事业单位修缮购置专项资金仪器设备购置类项目实施方案》（农办科〔2010〕4 号）的批复组织实施，对照项目设备购置清单，批复采购设备 18 台套，实际采购 22 台套仪器设备，项目内容已全部完成。

（2）项目管理组织健全，按照项目管理办法，成立了项目领导小组，并由专门部门负责项目的具体实施。项目组织管理规范，项目实施符合国家相关法律法规要求。

（3）仪器设备采购程序符合国家有关规定。采用公开招标方式，采购设备 18 台套，利用节约资金直接采购 4 台设备，并履行了相关程序。设备已全部安装调试完毕，并投入使用，运行情况良好。

（4）经甘肃立信会计师事务所专项审计，财务管理情况良好，专项经费实行了专账管理、专款专用，经费使用规范合理。

（5）项目档案资料齐全，各项手续完备。

（6）项目的实施，有效地改善了研究所中兽医基础理论基本科研条件，增强了中兽药的自主创新能力，完善了临床兽医学检测手段，也为其他科研院所提供技术支撑。

专家组一致同意通过验收（表 44、表 45）。

表 44　验收专家组名单

序号	姓名	单位	职称或职务	专业	备注
1	牛建中	中国科学院化学物理研究所	高级工程师	设备	组长
2	宋　薇	农业部工程建设服务中心	高级工程师	工程	组员
3	唐江山	中国农业科学院兰州兽医研究所	副主任	工程	组员
4	王义明	中国农业科学院农业信息研究所	高级经济师	财务	组员
5	钮一成	中国农业科学院农业信息研究所	副研究员	管理	组员

表 45　2010 年度农业部科学事业单位修购项目执行情况统计表（仪器设备购置类项目）

金额：万元

项目名称	资金使用情况			项目完成情况												备注
	预算批复	实际完成	资金执行率（%）	实验室		质检中心		分析测试中心		改良中心		工程技术中心		基地及野外台站		
				设备（台）	金额	设备（台）	金额	设备（台）	金额	设备（台）	金额	设备（台）	金额	设备（台）	金额	
中兽医药现代化研究仪器设备购置	440	440	100	22	440											

补充说明：无

填表人：邓海平　　填表时间：2013 年 9 月 8 日　　验收小组复核人：牛建中

四、项目建设成效

项目执行前，中兽医（兽医）研究室现有的大中型仪器条件设施比较落后，不能适应中兽医药现代化研究的需要，影响了研究工作的正常开展，严重制约了中兽医药研究水平的提高和可持续发展。仪器购置项目的实施对研究所科技创新能力提升奠定了良好的基础。

（1）科研基础条件得到改善，为我所中兽医药学科跨越式发展奠定基础

通过中兽医药现代化研究仪器购置项目的执行，使本研究所的科研仪器条件和设施得到改善和加强，完善了中兽医学科建设过程中的各个技术环节，中兽医（兽医）研究室具备了开展中兽医在细胞和基因等微观领域的基础理论研究、中兽药质量控制和安全评价等相关研究的条件，从而提升了研究所在传承与发扬中华民族优秀文化之一的中兽医药基础理论和创制新型中兽药方面的研究实力。

（2）促进了中兽医药科研项目的顺利申请和执行，巩固了该中兽医（兽医）室在我国中兽医药学科建设中领头羊位置。

该中兽药（兽医）研究室研究内容涉及新型中兽药的创制与安全性评价、中兽医新型微量元素饲料添加剂的开发、动物常见疾病的中兽医针灸治疗与保健、中兽药的生物转化技术等方面，仪器购置前，中兽医药项目所涉及的部分研究内容，主要借助于其他科研单位、高校的条件。购置的22台仪器设备极大地改善了研究所中兽医研究室科研条件，加快了科研进度，提升了科技成果的科技含量。大型精密科研仪器的购置为研究所承担国家重大科技项目的顺利实施和成果孵化产生了积极的作用。

自2010年修购项目实施以来，本研究所的科研基础条件有了质的飞跃，科技自主创新能力得到很大的提高，中兽医研究室先后获得各级各类科研项目10余项，科研经费累计达2 000余万元，各类项目得以顺利实施，鉴定和获奖科技成果逐年提高。目前，这些仪器设备的利用率较高，为科研项目的顺利实施与完成奠定了基础。

（3）仪器的购置为本研究所对外科技合作与人才培养提供了良好的条件

薄层色谱扫描成像系统、流式细胞仪、实时荧光定量PCR仪、高效液相色谱仪、高速逆流色谱仪、生物显微成像系统、超速冷冻离心机等大型仪器设备购置并顺利运行后，本研究所加大了对外科技检测和联合人才培养的工作。目前研究室有访问学者6人，已培养硕士研究生14人，博士6人，培养海外留学生1名。同时，与甘肃农业大学、西北民族大学、甘肃省理工大学等科研院所联合培养研究生，为农业科技人才的培养做出了重要贡献（图171、图172、图173、图174、图175、图176、图177、图178）。

图 171　流式细胞仪

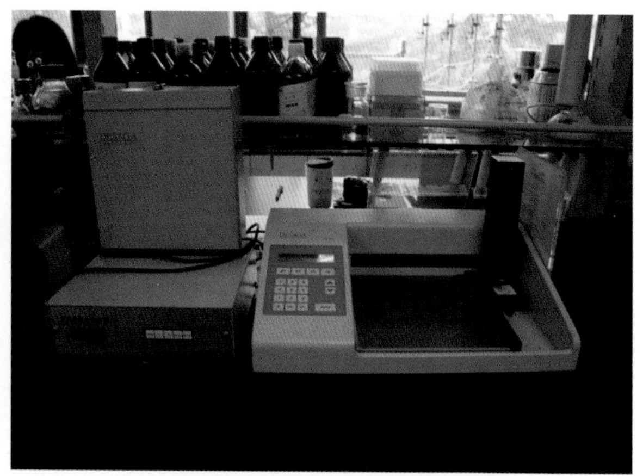

图 172　薄层色谱仪扫描成像系统

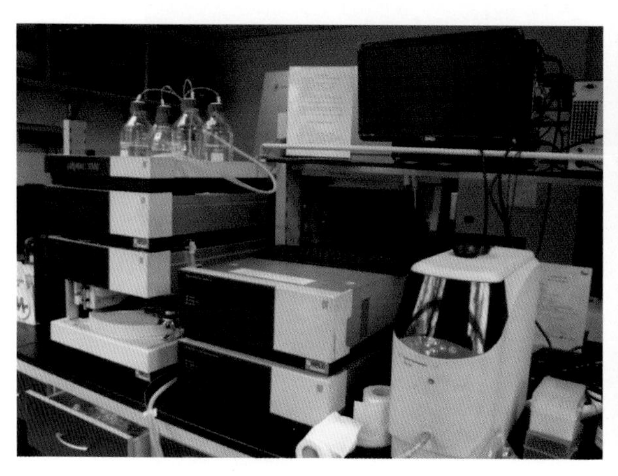

图 173　高效液相色谱仪

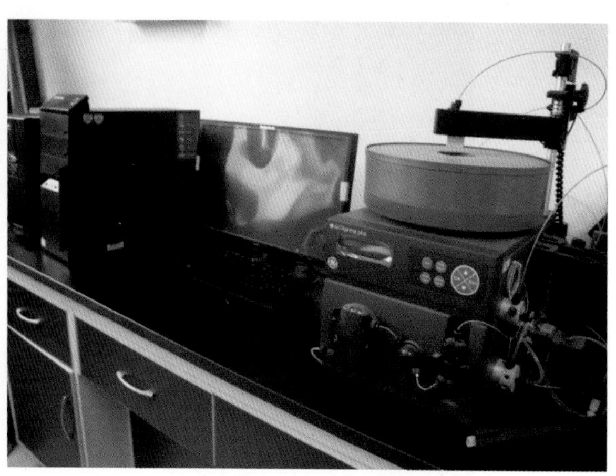

图 174　高速逆流色谱仪

图 175　超速（冷冻）离心机

图 176　低温冷冻大容量离心机

图 177　多联发酵罐

图 178　荧光定量 PCR 仪

畜禽产品质量安全控制与农业区域环境监测仪器设备购置

（2012 年）

一、项目背景

中国农业科学院兰州畜牧与兽药研究所已将畜产品质量安全评价与农业区域环境监测研究作为重要研究方向之一，并列入到研究所中长期规划。其目的是为了更好地推动畜禽产品质量检测及农业区域环境监测的现代化、标准化和国际化进程，为我国西部地区畜禽产品质量检测及农业区域环境监测提供共享、共用的平台，充分挖掘和发挥质量检测和安全评价在畜禽产品质量安全生产中的作用，密切关注兽药药效评价及兽药在畜禽产品中的残留量分析。在对我国黄土高原草畜生态系统进行长期综合观测和试验、研究的基础上，利用农业区域环境监测完成我国黄土高原草畜生态系统安全预警体系建设；建立我国黄土高原草畜生态系统的野外试验和研究平台；建成我国西部草畜业科技、教育和人才培养合作与交流基地；开展草畜耦合生态系统研究，为该地区的生态环境治理和社会、经济的可持续发展提供可靠的决策依据。目前研究所已在畜禽产品安全评价与农业区域环境监测方面开展了大量研究工作，形成了一支有 30 多个研究骨干的创新团队，建立了 8 个从事畜禽产品质量分析及兽药残留研究等相关研究的实验室和 1 个从事我国黄土高原草畜生态系统结构、功能及其演变过程进行长期综合观测、试验、研究与示范的野外监测站。

近年来，畜禽产品质量安全的隐患，给畜禽产品出口造成巨大的经济损失，不但严重威胁公共卫生，危害消费者的身体健康和生命安全，而且在一定程度上造成社会恐慌。畜禽产品质量安全已成为社会广泛关注的焦点和热点问题。建立健全兽药产品、畜禽产品质量安全评价共享、共用体系，可以全面开展新型无公害兽药产品的研制，畜禽产品药物残留和品质的普查工作。监测分析西北地区的生态条件和资源优势，引导各地区科学地调整养殖结构，指导养殖户或畜牧养殖企业根据市场需要选择适宜的畜禽品种，提高畜禽产品品质，形成优质畜禽产品的优势繁殖区，培育和发展品牌畜禽产品。通过对畜禽产品生产环境、投入品（饲料添加剂和兽药）等的检验检测也有利于摸清畜禽产品质量安全方面存在的主要问题，从而指导养殖户或企业按标准化组织生产，对逐步提高我国西北地区畜禽产品的整体质量安全水平具有重要意义。此外，随着经济全球化进程的加快和我国加入 WTO，我国畜禽产品将在国内和国际两个市场与国外同类产品进行竞争。我国生产的肉、蛋、奶类等劳动密集型产品，在价格上有一定的比较优势，是传统的出口创汇产品。但近年来发达国家以质量安全为由纷纷设置技术性壁垒，导致我国畜禽产品出口屡屡受阻。究其原因是我国畜禽产品质量安全检验检测的仪器设备落后，残留检出限达不到发达国家标准，使出口产品到达贸易国口岸才查出问题，不但使出口企业蒙受损失，也使贸易国对我国畜禽产品整体质量安全水平产生怀疑；在国外畜禽产品进入我国时，许多有毒有害物质检不出，不能有效地实施技术壁垒。因此，加强畜禽产品质量安全检验检测体系的仪器设备更新，已成为维护我国养殖户和牧业企业权益，扩大畜禽产品出口和抵御国外畜禽产品对国内产业冲击的当务之急。综上所述，加快安全高效兽药产品的研发，建立健全畜禽产品质量安全评价与农业区域环境监测体系是保障农牧业安全的需要，是畜禽业结构战略性调整、提高我国畜禽产品国际竞争力的需要，是一个国家食品安全管理水平的重要标志，是我国西部地区农业区域环境健康发展的需要。因此，加快我国畜禽产品质量安全控制体系与农业区域环境监测体系建设已刻不容缓。

目前，本所畜禽产品质量安全评价与农业区域环境监测科研团队已具备部分基础科研设备，包括：气相色谱仪、高效液相色谱仪（平均日开机时间达 10~12 小时，仍无法满足现有实验要求）、纤维直径光学分析仪、高速冷冻离心机、荧光分光光度计（2003 年购置，使用期长，功能落后，无法满足现有实验要求）、高效液相配套设备（无法满足现有实验要求）、气质联用仪、傅立叶变换红外光谱仪、液质联用仪、纤维细度检测仪、电子织物强力机、薄层扫描仪、梯度 PCR 仪、超临界萃取系统、凝胶成像系统及软件、微波消解器、凝胶图像分析系统、全自动薄层成像系统、脉动真空灭菌器、净化系统、全自动定氮仪、高分辨熔解曲线分析系统、微生物快速分析仪、原子荧光光度计。其中部分设备购置较早，功能较为落后，已无法承担正常的科研工作。所以急需购置一批先进的设备，提高我所乃至西部地区畜禽产品质量安全控制体系与农业区域环境监测研究水平。

二、项目实施情况

（一）项目申报及批复情况

2011 年 5 月，研究所向主管部门上报了“畜禽产品质量安全控制与农业区域环境监测仪器设备购置”项目申报材料。2012 年 2 月，农科院转发农业部关于仪器设备购置及升级改造项目实施方案的批复，下达经费 1 350 万元，购置相关仪器设备 36 台套，项目立项并进入实施阶段（表 46、表 47）。

（二）实施方案批复购置内容

表 46　实施方案批复购置仪器表

序号	仪器名称	数量	价格（万元）	采购方式	存放地点	备注
1	精确质量四级杆－飞行时间串联质谱仪	1	235.00	A	兽药研究室	
2	蒸发光散射检测器	1	10.00	A	兽药研究室	
3	超高效液相色谱仪	1	60.00	A	兽药研究室	
4	紫外－可见分光光度	1	10.00	A	兽药研究室	
5	全自动微生物鉴定及药敏系统	1	45.00	A	兽药研究室	
6	双向电泳系统	1	20.00	A	兽药研究室	
7	大容量低温离心机	1	11.20	A	兽药研究室	
8	全自动生化分析仪	1	39.00	A	兽药研究室	
9	荧光分光光度计	1	20.00	A	兽药研究室	
10	全波长酶标仪	1	15.80	A	兽药研究室	
11	中压制备色谱	1	32.00	A	兽药研究室	
12	聚焦单模微波合成仪	1	35.00	A	兽药研究室	
13	厌氧培养箱	1	12.00	A	兽药研究室	
14	全自动样品处理系统	1	63.50	A	兽药研究室	
15	溶出仪	1	23.00	A	兽药研究室	
16	土壤氮循环监测系统	1	24.50	A	区域试验站	

（续表）

序号	仪器名称	数量	价格（万元）	采购方式	存放地点	备注
17	便携式土壤呼吸仪	1	30. 38	A	区域试验站	
18	土壤团粒分析仪	1	22. 54	A	区域试验站	
19	土壤碳通量检测系统	1	20. 58	A	区域试验站	
20	高精度剖面土壤水分测定仪	1	14. 70	A	区域试验站	
21	全自动凯氏定氮仪	1	25. 80	A	质检中心	
22	体细胞分析仪	1	49. 00	A	质检中心	
23	肉类成分快速分析仪	1	49. 00	A	质检中心	
24	电子束纤维强力机	1	26. 50	A	质检中心	
25	全自动索式浸提仪	1	31. 00	A	质检中心	
26	全自动氨基酸分析仪	1	60. 00	A	质检中心	
27	连续流动分析仪	1	88. 20	A	区域试验站	
28	倒置显微镜	1	14. 70	A	区域试验站	
29	体视显微镜	1	8. 82	A	区域试验站	
30	药物筛选及检测系统	1	159. 50	A	兽药研究室	
31	超图大型全组件式地理信息平台系统	1	20. 40	A	区域试验站	
32	观测站避雷系统	1	12. 74	A	区域试验站	
33	激光测距仪	1	12. 74	A	区域试验站	
34	超图桌面地理信息平台系统	1	9. 80	A	区域试验站	
35	GPS 手持机	1	6. 86	A	区域试验站	
36	远红外监控系统（摄像机、显示器等）	1	12. 74	A	区域试验站	
	合计	36	1 332. 00			

“采购方式”填写代号：A. 公开招标，B. 邀请招标，C. 竞争性谈判，D. 询价，E. 单一来源，F. 其他方式

（三）实际完成的购置情况

表 47　实际购置仪器情况表

序号	仪器名称	数量	价格（万元）	采购方式	存放地点	备注
1	精确质量四级杆-飞行时间串联质谱仪	1	221. 36	A	兽药研究室	
2	蒸发光散射检测器	1	47. 46	A	兽药研究室	
3	超高效液相色谱仪	1	47. 46	A	兽药研究室	
4	紫外-可见分光光度	1	8. 72	A	兽药研究室	
5	全自动微生物鉴定及药敏系统	1	43. 80	A	兽药研究室	

（续表）

序号	仪器名称	数量	价格（万元）	采购方式	存放地点	备注
6	双向电泳系统	1	18.70	A	兽药研究室	
7	大容量低温离心机	1	11.02	A	兽药研究室	
8	全自动生化分析仪	1	37.00	A	兽药研究室	
9	荧光分光光度计	1	20.00	A	兽药研究室	
10	全波长酶标仪	1	12.00	A	兽药研究室	
11	中压制备色谱	1	31.50	A	兽药研究室	
12	聚焦单模微波合成仪	1	34.40	A	兽药研究室	
13	厌氧培养箱	1	11.80	A	兽药研究室	
14	全自动样品处理系统	1	59.90	A	兽药研究室	
15	溶出仪	1	19.70	A	兽药研究室	
16	土壤氮循环监测系统	1	33.60	A	区域试验站	
17	便携式土壤呼吸仪	1	36.70	A	区域试验站	
18	土壤团粒分析仪	1	22.90	A	区域试验站	
19	土壤碳通量检测系统	1	10.80	A	区域试验站	
20	高精度剖面土壤水分测定仪	1	7.80	A	区域试验站	
21	全自动凯氏定氮仪	1	25.70	A	质检中心	
22	体细胞分析仪	1	49.00	A	质检中心	
23	肉类成分快速分析仪	1	49.00	A	质检中心	
24	电子束纤维强力机	1	26.30	A	质检中心	
25	全自动索式浸提仪	1	31.00	A	质检中心	
26	全自动氨基酸分析仪	1	59.00	A	质检中心	
27	连续流动分析仪	1	85.00	A	区域试验站	
28	倒置显微镜	1	12.00	A	区域试验站	
29	体视显微镜	1	7.00	A	区域试验站	
30	药物筛选及检测系统	1	157.50	A	兽药研究室	
31	超图大型全组件式地理信息平台系统	1	20.38	A	区域试验站	
32	观测站避雷系统	1	12.34	A	区域试验站	
33	激光测距仪	1	12.54	A	区域试验站	
34	超图桌面地理信息平台系统	1	9.60	A	区域试验站	
35	GPS 手持机	1	6.66	A	区域试验站	
36	远红外监控系统（摄像机、显示器等）	1	12.34	A	区域试验站	
37	均质仪	1	13.17	F	质检中心	增购

（续表）

序号	仪器名称	数量	价格（万元）	采购方式	存放地点	备注
38	台式高速冷冻离心机	1	6.50	F	质检中心	增购
39	研究级显微成像系统	1	15.50	F	质检中心	增购
40	固相萃取装置	1	1.50	F	质检中心	增购
	合计	40	1 348.65	F		

“采购方式”填写代号：A. 公开招标，B. 邀请招标，C. 竞争性谈判，D. 询价，E. 单一来源，F. 其他方式

项目于2012年11月开始，2013年12月完成全部仪器安装试运行。

（四）项目管理情况

1. 组织管理机构（图179）

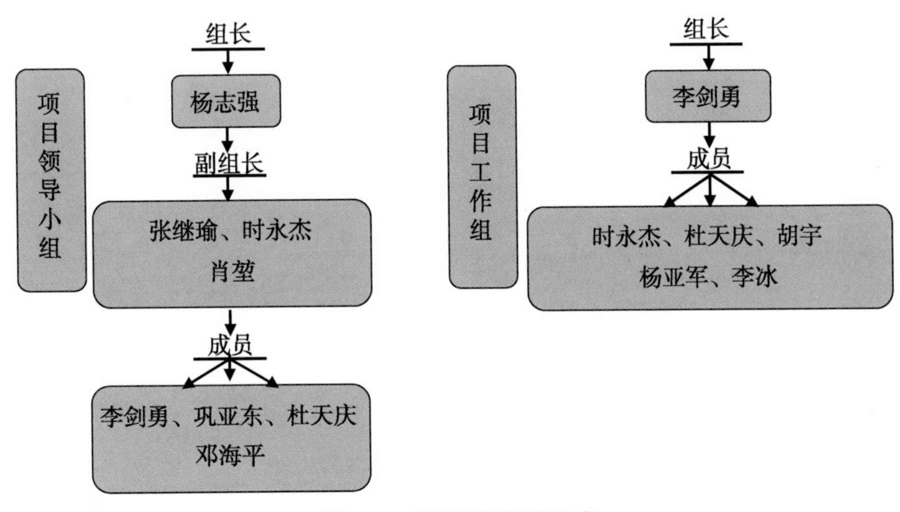

图179　组织管理机构组成

2. 仪器购置招投标情况

实施方案中批复的36台仪器，分为6包，由委托的招标代理机构甘肃省招标中心在兰州公开招标。2012年11月22号在甘肃省公共资源交易中心开标并通过专家评议确定了中标单位，无废标或流标。36台仪器安装到位后，项目经费仍有结余，研究所根据工作需要，自行组织购买了均质仪、台式高速冷冻离心机、研究级显微成像系统、固相萃取装置等4台仪器。项目共计采购仪器设备40台（套），所有采购设备与供货厂商签订了供货与维修服务合同，资料完备齐全，项目设备全部到位。

三、项目验收情况

（一）初步验收

2015年3月30日，研究所组织项目组及相关工作人员对“畜禽产品质量安全控制与农业区域环境监测仪器设备购置”项目进行了初步验收，经过对仪器设备到位情况、使用情况、资料归档等进行现场查验，验收组认为项目批复要求的仪器设备均已采购到位并投入使用，运转情况良好，相关档案资料齐全，已整理归档，项目执行情况良好，同意通过初步验收。

（二）项目验收

2015年11月3—4日，中国农业科学院组织验收专家组在甘肃兰州对中国农业科学院兰州畜

牧与兽药研究所承担的“畜禽产品质量安全评价与农业区域环境监测仪器设备购置”（项目编码：125161032301）项目进行了验收，专家组听取了项目单位关于实施情况的汇报，审阅了相关材料，查验了现场，经质询和讨论，形成如下意见。

（1）项目按照《农业部科学事业单位修缮购置专项资金项目实施方案》（农办科［2012］8号）的批复进行了实施，对照项目设备购置清单，批复采购设备36台套，实际采购设备40台套，项目内容已全部完成。

（2）项目管理组织健全，按照项目管理办法，成立了项目领导小组，并由专门部门负责项目的具体实施。项目组织管理规范，项目实施符合国家相关法律法规要求。

（3）仪器设备采购程序符合国家相关规定。采用公开招标方式采购设备36台套。利用结余资金增购国产仪器设备4台套。全部设备已安装调试完毕并投入使用，运行情况良好。

（4）项目经费使用情况经甘肃立信会计师事务有限公司审计并出具审计报告。财务管理情况良好，专项经费实行了专账管理、专款专用，资金使用规范。

（5）项目档案资料齐全，各项手续完备。资料已分类、立卷、归档。

（6）项目的实施，使研究所的科研仪器条件和设施得到改善和加强，初步满足了新兽药研制工作中对分析检测仪器的需求，提升了兽药安全性评价、畜禽产品药物残留检测和农业区域环境监测工作的准确性和可靠性，极大地提高了研究所科技创新能力。

专家组一致同意通过验收（表48、表49）。

表48　验收专家组名单

序号	姓名	单位	职称或职务	专业	备注
1	韩雪松	中国农业科学院北京畜牧兽医研究所	副所长	管理	组长
2	张　辉	中国农业科学院作物科学研究所	研究员	设备	组员
3	翟　良	中国农业科学院上海兽医研究所	处长	设备	组员
4	查　飞	西北师范大学	教授	设备	组员
5	钮一成	中国农业科学院农业信息研究所	副研究员	财务	组员

表49　2012年度农业部科学事业单位修购项目执行情况统计表（仪器设备购置类项目）

金额：万元

项目名称	资金使用情况			项目完成情况												备注
	预算批复	实际完成	资金执行率（%）	实验室		质检中心		分析测试中心		改良中心		工程技术中心		基地及野外台站		
				设备（台）	金额	设备（台）	金额	设备（台）	金额	设备（台）	金额	设备（台）	金额	设备（台）	金额	
畜禽产品质量安全控制与农业区域环境监测仪器设备购置	1 350	1 350	100	16	782.32	10	276.67							14	289.66	

补充说明：无

填表人：邓海平　填表时间：2015年3月18日　验收小组复核人：韩雪松

四、项目建设成效

项目执行前，研究所畜禽产品质量安全评价与农业区域环境监测研究相关仪器设施相对落后，难以适应环保型新兽药研发、兽药残留检测、畜禽产品质量安全风险评估、农业区域环境监测等研究工作的需要，严重制约了研究所畜禽产品质量安全评估与农业区域环境监测相关研究水平的提升和可持续发展。仪器购置项目的实施使研究所科研基础条件得到极大地提升，为本研究所科技创新工作的跨越式发展奠定了基础。

通过畜禽产品质量安全控制与农业区域环境监测仪器设备购置项目的执行，使本研究所的科研仪器条件和设施得到改善和加强，初步满足了新兽药研制工作中对分析检测仪器的需求，提升了兽药安全性评价、畜禽产品药物残留检测工作的准确性和可靠性，极大地提高了研究所兽药研究水平和研究实力，保障了我国畜禽养殖业对高效、低毒、低残留兽药产品的需求。

项目实施后，研究所成功申报并获批“农业部兽用药物创制重点实验室”，“农业部畜产品质量安全风险评估实验室（兰州）”，“甘肃省新兽药工程重点实验室”等科技平台，提升了已有的“农业部黄土高原生态环境重点野外科学观测试验站”、“中国农业科学院兰州黄土高原生态环境野外科学观测试验站”和“中国农业科学院兰州畜产品质量安全风险评估研究中心”等试验台站的科技创新能力。近年来，研究所在科研立项和高水平科技成果方面都取得了显著提升，为研究所畜禽产品质量安全风险评估学科的发展和农业生态环境环境监测研究提供了崭新的发展机遇（图 180、图 181、图 182、图 183、图 184、图 185、图 186、图 187）。

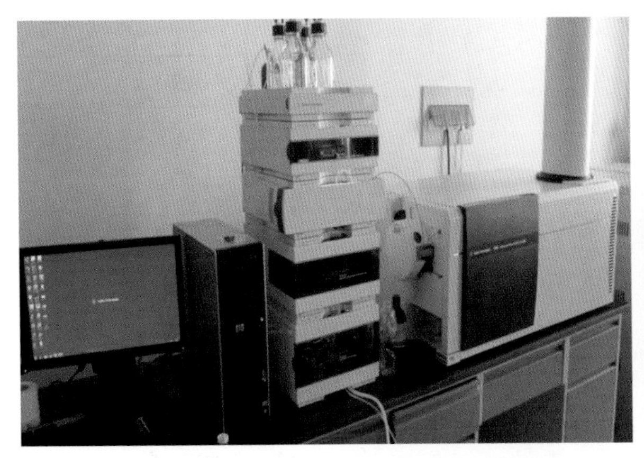

图 180　精确质量四级杆飞行时间串联质谱仪

图 181　全自动生化分析仪

图 182　药物筛选及检测系统

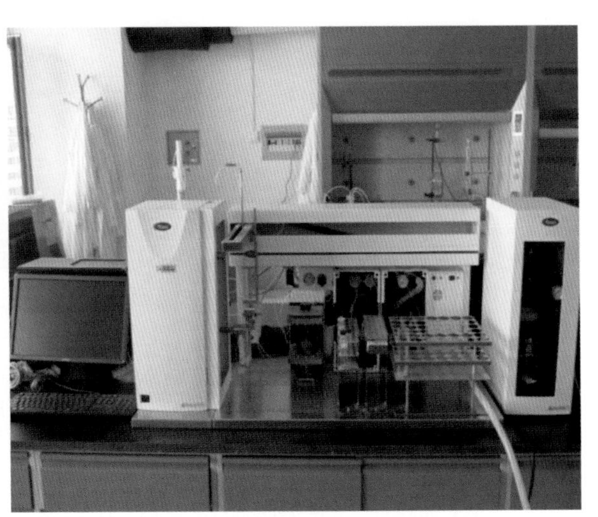

图 183　全自动样品处理系统

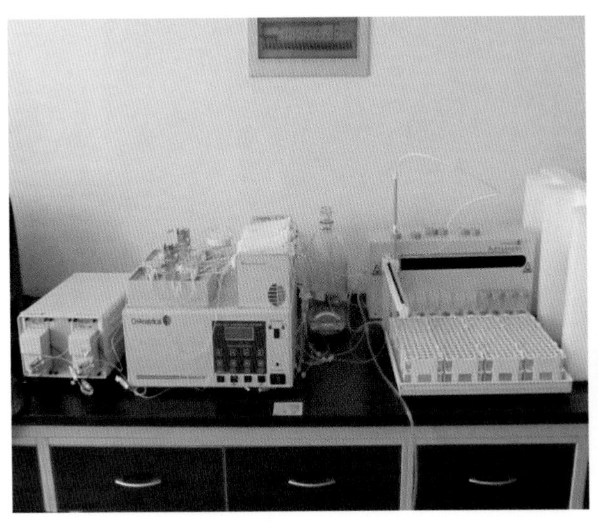

图 184　连续流动分析仪

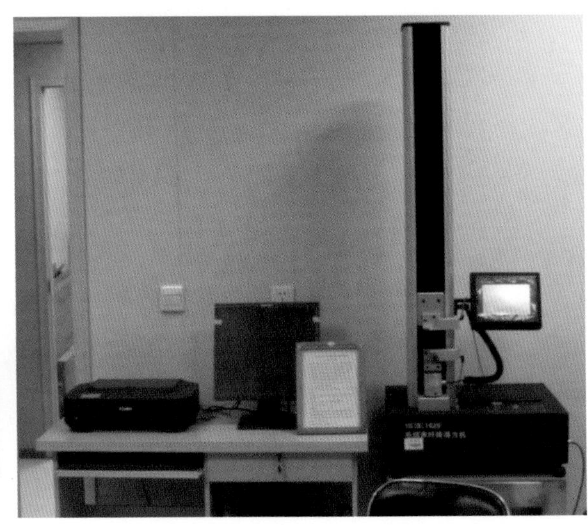

图 185　电子束纤维强力机

图 186　体细胞分析仪

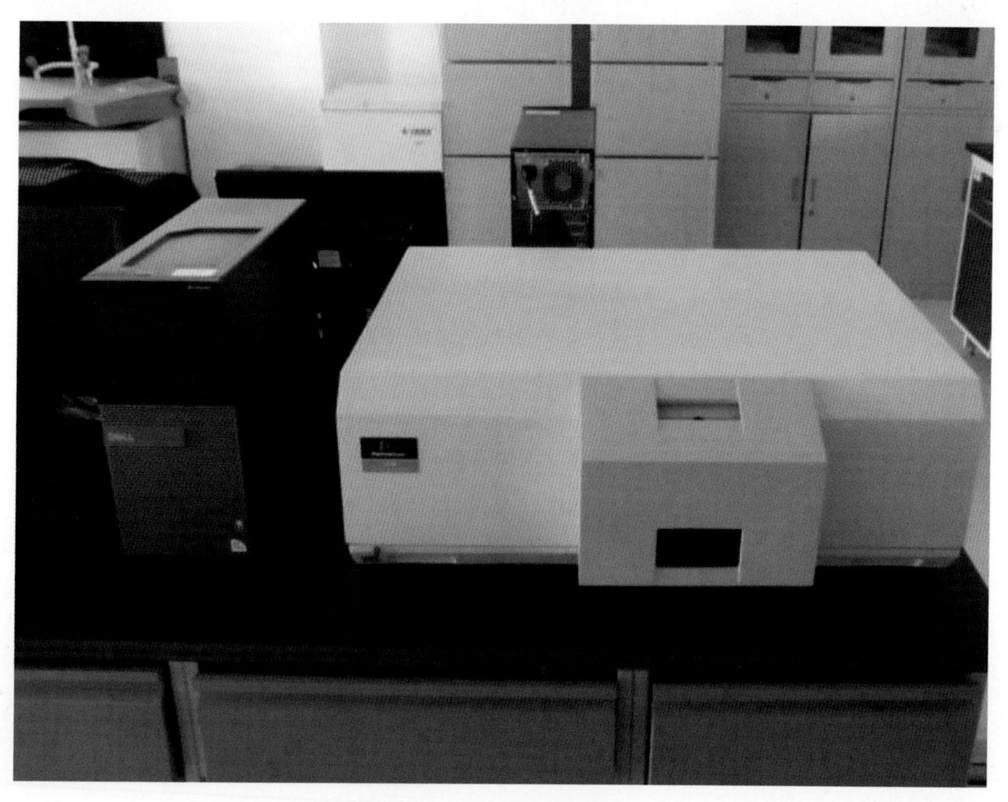

图 187　荧光分光光度计

中国农业科学院前沿优势项目：牛、羊基因资源发掘与创新利用研究仪器设备购置

（2015年）

一、项目背景

我国牛、羊品种和资源类型十分丰富，广泛分布于从高海拔的青藏高原到地势较低的东部地区，有常年发情高繁殖力的湖羊、小尾寒羊，肉用性能突出的秦川牛、鲁西黄牛，有适应青藏高原低温缺氧环境的牦牛、藏羊、细毛羊等。牛、羊在满足人们消费需求、构成畜牧业生产主体的同时，在动物起源、进化、基因组及人类疾病模型研究，以及为未来的育种工作提供素材等方面发挥着重要作用。特别是，丰富的抗逆、经济性状表型（种类、数量）变异，是研究动物表型组学的理想模型。在目前国际上“生物物种资源主权”争夺愈演愈烈的情况下，牛、羊遗传资源在全球食品安全生产和构建区域经济、特色经济中的作用是不可或缺的，加强对我国牛、羊遗传资源的挖掘与评估，确切定义我国牛、羊品种和资源的种质特性及其抗逆、经济性状，并揭示其生理生化和遗传基础，以确定我国牛、羊遗传资源中具有特殊遗传和开发利用价值的群体，具有十分重要的现实意义。而牛羊基因资源发掘与创新利用研究是评估牛羊种质资源的必要前提畜牧学科是中国农业科学院兰州畜牧与兽药研究所四大学科之一，其牛羊基因资源发掘与创新利用是畜牧学科中的重要研究方向。

研究所畜牧科学家立足西部，深入青藏高原高寒牧区，在牛、羊等新品种（品系）育种素材创制、繁殖新技术研发等方面取得了突破性研究进展。先后承担70余项国家和地方科研项目，获得各类科技奖57项，其中国家科技进步一等奖2项，国家科技进步二等奖3项，国家科技进步三等奖1项，甘肃省科技进步奖11项。成功培育出了大通牦牛、甘肃高山细毛羊、中国黑白花奶牛等，填补了我国牛、羊品种自主培育的空白，推广培育的新品种及其配套技术，为我国西部地区和青藏高原地区的经济社会发展做出了重大贡献。但在牛羊种质资源发掘、评价、综合利用及新品种（品系）培育、重要性状功能基因挖掘和分子标记辅助基因聚合育种技术研究方面有待加强。特别是随着人类基因组计划的实施和推进，先进生物技术的发展，生命科学研究已进入了“组学”时代，表型组、基因组、转录组、蛋白组和代谢组技术成为了挖掘控制动物重要性状功能基因及解析分子遗传机理和开展分子育种研究的重要工具和手段。基于此，针对我国畜牧业生产中亟待解决的科学理论和技术问题，研究所畜牧学科研究确立了以草食家畜为主要研究对象，重点开展“牛羊基因资源发掘与创新利用”研究，拟从群体、个体、细胞和分子水平深入开展牛羊特异种质资源评价与挖掘，主要抗逆、经济性状遗传规律和形成机理及分子标记辅助聚合育种技术研究。现承担的中国农业科学院创新工程项目、国家自然科学基金、“十二五”期间科技支撑计划项目、现代农业产业技术体系“国家肉牛牦牛产业技术体系遗传育种繁殖功能研究室牦牛选育岗位”及“国家绒毛用羊产业技术体系遗传育种繁殖功能研究室分子育种岗位”等，主要开展牛羊基因资源发掘与创新利用的研究。近年来，在各部委和地方政府的支持下，畜牧学科拥有了“农业部动物毛皮及制品质量监督检验测试中心（兰州）”“甘肃省牦牛繁育工程重点实验室”等学科创新平台，但现有仪器设备仍不能满足和支撑牛羊基因资源发掘与创新利用的研究需求。

二、项目实施情况

（一）申报及批复情况

2014年8月，研究所向主管部门上报了“牛、羊基因资源发掘与创新利用研究仪器设备购置”项目申报材料。2015年2月，农科院转发农业部关于仪器设备购置及升级改造项目实施方案的批复，下达经费625万元，购置相关仪器设备10台套，项目立项并进入实施阶段（表50、表51）。

（二）实施方案批复的购置内容及规模

表50　实施方案批复购置仪器表

序号	仪器名称	数量	价格（万元）	采购方式	存放地点	备注
1	全自动蛋白质表达分析系统	1	108.00	A	畜牧研究室	
2	超灵敏多功能成像仪	1	34.00	A	畜牧研究室	
3	全自动电泳系统	1	33.00	A	畜牧研究室	
4	激光显微切割系统	1	130.00	A	畜牧研究室	
5	牛羊冷冻精液制备系统	1	62.00	A	畜牧研究室	
6	高速冷冻离心机	1	25.00	A	畜牧研究室	
7	全自动多功能荧光、活体成像系统	1	50.00	A	畜牧研究室	
8	精子分析仪	1	63.00	A	畜牧研究室	
9	自动移液工作站	1	48.00	A	畜牧研究室	
10	生物信息专用服务器系统	1	60.00	A	畜牧研究室	
	合计	10	613.00			

“采购方式”填写代号：A. 公开招标，B. 邀请招标，C. 竞争性谈判，D. 询价，E. 单一来源，F. 其他方式

（三）实际完成的购置内容及规模

表51　实际完成购置仪器表

序号	仪器名称	数量	价格（万元）	采购方式	存放地点	备注
1	全自动蛋白质表达分析系统	1	95.00	A	畜牧研究室	
2	超灵敏多功能成像仪	1	32.00	A	畜牧研究室	
3	全自动电泳系统	1	26.50	A	畜牧研究室	
4	激光显微切割系统	1	116.00	A	畜牧研究室	
5	牛羊冷冻精液制备系统	1	68.90	A	畜牧研究室	
6	高速冷冻离心机	1	25.00	A	畜牧研究室	
7	全自动多功能荧光、活体成像系统	1	45.00	A	畜牧研究室	
8	精子分析仪	1	29.50	A	畜牧研究室	
9	自动移液工作站	1	42.80	A	畜牧研究室	
10	生物信息专用服务器系统	1	59.75	C	畜牧研究室	

（续表）

序号	仪器名称	数量	价格（万元）	采购方式	存放地点	备注
11	全自动生化分析仪	1	30.00	F	畜牧研究室	增购
12	梯度 PCR 仪	1	14.80	F	畜牧研究室	增购
13	荧光定量 PCR 仪	1	36.80	F	畜牧研究室	增购
14	合计	14	622.05	F		

“采购方式”填写代号：A. 公开招标，B. 邀请招标，C. 竞争性谈判，D. 询价，E. 单一来源，F. 其他方式

（四）项目管理情况

1. 组织管理机构（图 188）

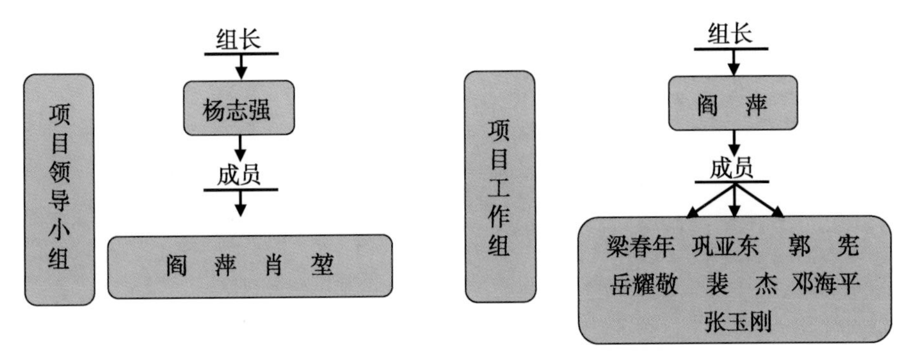

图 188　组织管理机构组成

2. 仪器购置招投标情况

实施方案中批复的 10 台仪器，分为 6 包，由委托的招标代理机构甘肃省招标中心在兰州公开招标。2015 年 7 月 30 日在甘肃省公共资源交易中心开标，通过专家评议确定了第 1、第 2、第 4、第 5 包中标单位，通过竞争性谈判确定了第 6 包中标单位，第 3 包废标。9 月 11 日，第 3 包仪器公开招标在甘肃省招标中心开标，通过专家评议确定了中标单位。10 台仪器安装到位后，项目经费仍有结余，研究所根据工作需要，自行组织购买了全自动生化分析仪、梯度 PCR 仪、荧光定量 PCR 仪等 3 台仪器。项目共计采购仪器设备 13 台（套），所有采购设备与供货厂商签订了供货与维修服务合同，资料完备齐全，项目设备全部到位。

三、项目建设成效

通过牛、羊基因资源发掘与创新利用研究仪器设备购置项目的顺利实施，使研究所在牛羊种质资源发掘、评价、综合利用及新品种（品系）培育、重要性状功能基因挖掘和分子标记辅助基因聚合育种技术研究等科技创新平台的硬件技术水平有了显著的提升，进一步满足了开展牛羊种质资源评价、主要抗逆、经济性状遗传规律和形成机理和分子标记辅助聚合育种技术研究等前沿学科科研工作中对分析检测仪器的需求，极大地提高了研究所畜牧学科研究水平和研究实力（图 189、图 190、图 191、图 192、图 193、图 194、图 195）。

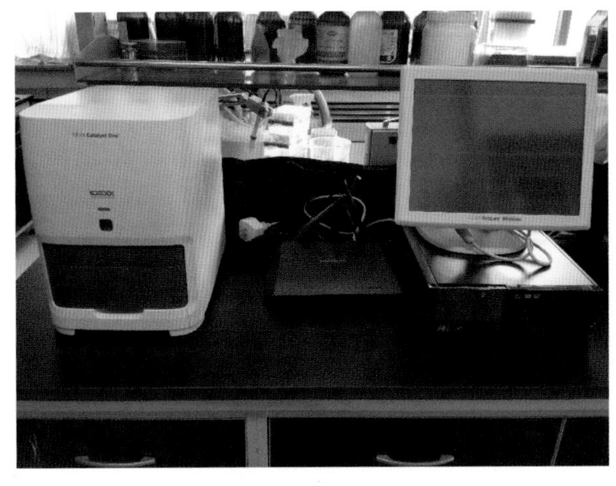

图 189　生化分子检测系统及全自动生化分析仪

图 190　全自动蛋白质印迹定量分析系统

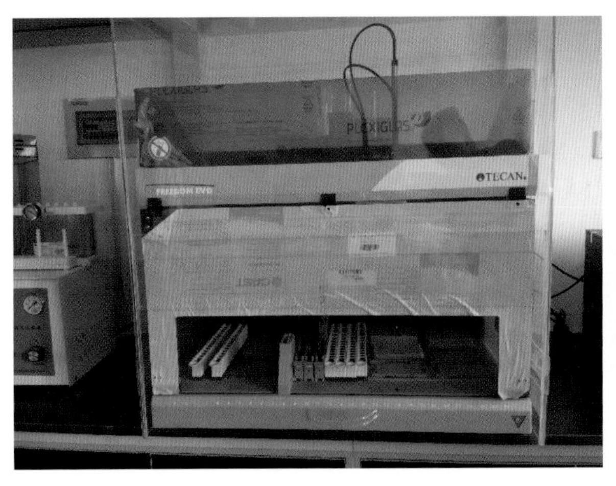

图 191　自动移液器工作站图

图 192　激光显微切割系统

图 193　超灵敏多功能成像仪图

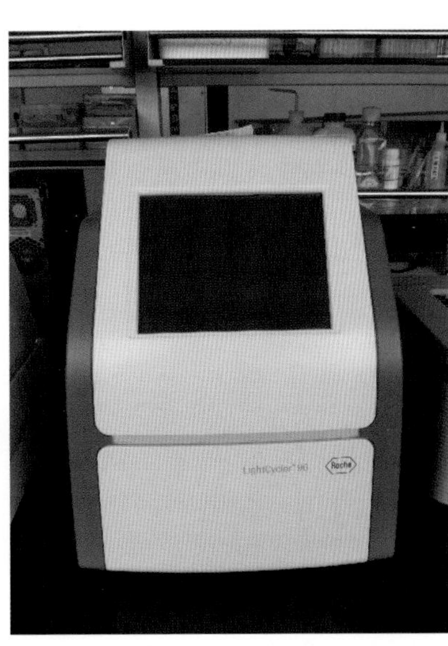

图 194　生化分子检测系统图

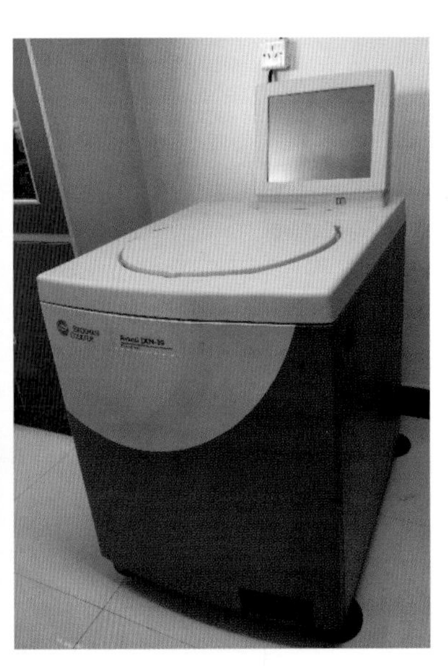

图 195　高速冷冻离心机

第三部分　修购专项相关管理办法

中央级科学事业单位修缮购置专项资金管理办法

财教［2006］118号

第一条　为贯彻落实《国家中长期科学和技术发展规划纲要（2006—2020年）》（以下简称《规划纲要》），切实改善中央级科学事业单位的科研基础条件，推进科技创新能力建设，特设立“中央级科学事业单位修缮购置专项资金”（以下简称修购专款）。为规范和加强修购专款管理，提高使用效益，根据中央财政项目资金管理的有关规定，制定本办法。

第二条　本办法所指修购专款，是指中央财政在年度预算中安排的用于中央级科学事业单位（不包括已转制的科研院所，以下简称“项目单位”）的房屋修缮、基础设施改造、仪器设备购置及升级改造的专项资金。

第三条　修购专款实行项目管理，主管部门应建立动态管理的项目库。

第四条　修购专款的安排使用原则：

（一）科学规划、突出重点的原则。修购专款安排使用要紧密围绕落实《规划纲要》任务和项目单位科学研究事业发展的合理需要，以提高项目单位科技创新能力为核心，解决科技基础条件“瓶颈”问题为重点，区分轻重缓急，进行科学规划。

（二）整合集成、效益优先的原则。主管部门和项目单位应在摸清家底的基础上，按照整合、共享、完善、提高的要求，激活存量资源，最大限度地发挥存量资源的使用效益，通过项目实施，有效调控增量资源。修购专款优先支持整合力度大、集成度高、能实现开放和共享、预期效益高的项目。项目实行追踪问效和绩效考评。

第五条　修购专款的支持范围包括：

（一）连续使用15年以上、且已不能适应科研工作需要的房屋及科研辅助设施的维修改造；

（二）水、暖、电、气等基础设施的维修改造；

（三）直接为科学研究工作服务的科学仪器设备购置；

（四）利用成熟技术对尚有较好利用价值、直接服务于科学研究的仪器设备所进行的功能扩展、技术升级等工作。

第六条　修购专款开支的范围：项目单位在项目执行中所发生的材料费、设备购置费、劳务费、水电动力费、设计费、运输费、安装调试费以及其他在项目执行中所发生的必要费用。修购专款严禁用于本办法规定范围之外的支出。

第七条　项目的申报程序。

（一）项目单位根据主管部门审核的修购工作规划，按规定填写年度《中央级科学事业单位修缮购置项目申报书》（附1，以下简称《申报书》），并于当年3月底前报送主管部门。申报内容主要包括：项目单位基本情况，项目实施意义、目标，项目实施的保障条件等。

（二）主管部门按照项目单位修购工作规划，对项目单位所申报的年度项目进行审核，按轻重缓急进行排序后编制本部门年度《中央级科学事业单位修缮购置项目审核推荐表》（附2），并于当年5月底前连同《申报书》及申报文件报送财政部。

（三）财政部根据情况组织专家或委托中介机构对上报的项目进行评审或评估。

项目单位和主管部门要对申报和推荐的项目的真实性、合理性和可行性负责。

第八条　财政部结合主管部门和项目单位科学研究事业发展的需求，以及项目评审或评估结论，根据年度财政专项资金情况和项目轻重缓急程度确定并下达当年项目预算到主管部门。主管部门应按规定时间及时将项目预算批转所属项目单位。

第九条　主管部门应结合项目单位科学研究事业发展的需要和财政部批复的年度项目预算情况，对项目库进行调整。

第十条　项目单位应严格按照批复的项目预算执行，不得擅自变更项目预算内容。确因特殊情况需要进行调整的，应通过主管部门报经财政部批准。

第十一条　修购专款支出属于政府采购范围的，应按照《政府采购法》及政府采购的有关规定执行。

第十二条　修购项目的资金拨付，按照财政国库管理制度的有关规定执行。

第十三条　购置价值超过200万元以上的单台或成套仪器设备，应按照《中央级新购大型科学仪器设备联合评议工作管理办法》有关规定执行。

第十四条　项目单位和主管部门应加强对项目实施的管理，财政部对项目实施情况进行定期或不定期的检查或抽查。

主管部门应当加强对项目的监督管理，对已完项目应进行验收和总结，在项目实施周期终了后3个月内，及时将项目的实施情况、验收和总结材料报送财政部。对未能按期完成的项目，应逐项申明理由和提出后续工作措施。

第十五条　项目单位和主管部门在编制年度决算时，应对修购专款使用情况进行单独说明。

第十六条　项目结余资金按照财政部有关规定执行。

第十七条　使用修购专款形成的资产属国有资产，应按国家国有资产管理的有关规定加强管理。

第十八条　主管部门可按照财政部有关规定，并根据项目实施情况，组织专家或委托中介机构对修购项目进行绩效考评，考评结果报送财政部。

第十九条　有下列行为之一的，经财政部确认后，应对项目单位做出收回修购专款或在一定时期内不予核批修购项目的处罚，并建议按照有关规定对相关责任人给予相应处罚。

（一）未按批准的项目预算使用专项资金，擅自改变项目内容，变更项目资金使用范围的；

（二）未按规定实施政府采购的；

（三）未按规定上报项目验收总结报告的；

（四）项目管理不善、有违反财经纪律现象的。

第二十条　各有关主管部门可以依据本办法制定实施细则，并报财政部备案。

第二十一条　本办法由财政部负责解释。

第二十二条　本办法自发布之日起施行。此前颁布的有关科学事业单位修购工作管理规定若与本办法相抵触的，均按本办法执行。

农业部科学事业单位修缮购置专项资金管理实施细则

农办财［2009］48号

第一章　总则

第一条　为规范和加强“中央级科学事业单位修缮购置专项资金”（简称修购专款）的管理，根据财政部《中央级科学事业单位修缮购置专项资金管理办法》（财教［2006］118号）、中央财政项目资金管理及国有资产管理有关规定，制定本实施细则。

第二条　农业部科学事业单位指中国农业科学院、中国水产科学研究院和中国热带农业科学院（简称三院）及其所属科研机构（不包括已转制机构）。

第三条　修购专款指中央财政在预算内安排用于农业部科学事业单位房屋修缮、基础设施改造、仪器设备购置及升级改造的专项资金。

修购专款支持的项目简称修购项目。项目承担单位简称项目单位。

第四条　修购专款实行项目管理，支持范围包括：

（一）房屋修缮，指连续使用15年以上且已不能适应科研工作需要的房屋及科研辅助设施的维修改造。

（二）基础设施改造，指水、暖、电、气等基础设施的维修改造。

（三）仪器设备购置，指直接为科学研究工作服务的科学仪器设备购置。

（四）仪器设备升级改造，指利用成熟技术对尚有较好利用价值、直接服务于科学研究的仪器设备进行功能扩展、技术升级等工作。

第五条　开支范围：项目单位在项目执行中发生的材料费、设备购置费、劳务费、水电动力费、设计费、运输费、安装调试费及其他在项目执行中发生的必要费用。不得用于购买小汽车，不得用于与采购进口仪器设备无关的出国费用支出。

第六条　安排使用原则：

（一）科学规划、突出重点。以提高项目单位科技创新能力为核心，改善科技基础条件薄弱环节为重点，区分轻重缓急，统筹规划，合理排序。

（二）整合集成、效益优先。优先支持整合力度大、集成度高、能实现开放和共享、预期效益高的项目。

第二章　职责分工

第七条　财务司职责：

（一）制修订农业部修购专款管理实施细则。

（二）审核报送修购工作规划。

（三）会同科技教育司组织开展项目申报文本等评审工作，并向财政部报送评审结果。

（四）批转年度修购专款预算。

（五）监管修购专项预算执行行为。

（六）组织开展修购专款绩效考评工作。

（七）审核报送修购项目验收总结。

（八）承担修购专款管理的其他工作。

第八条　科技教育司职责：

（一）督导三院编报修购工作规划并汇总送财务司。

（二）审批三院修购项目实施方案。

（三）配合财务司监督检查修购专款预算执行。

（四）指导和监督三院组织实施修购项目。

（五）组织修购项目验收总结，并将验收总结报告送财务司。

（六）承担在修购项目申报与实施过程中其他与科技教育司工作职责相关的工作。

第九条　三院职责：

（一）组织所属项目单位编报修购工作规划和项目申报文本。

（二）批转年度修购专款预算。

（三）汇总报送项目实施方案。

（四）组织实施修购项目。

（五）配合财务司组织开展修购专款绩效考评工作。

（六）配合科技教育司组织开展修购项目验收。

（七）监督检查本院修购专款预算执行情况。

（八）承担其他相关工作。

第十条　项目单位职责：

（一）项目单位法定代表人对修购项目负有第一责任。

（二）编报修购工作规划和项目申报文本。

（三）编报项目实施方案。

（四）具体组织实施修购项目。

（五）编报修购项目执行报告，提交验收申请。

（六）具体管理本单位修购专款。

（七）承担其他相关工作。

第三章　项目申报

第十一条　项目单位在申报各年度修购项目前，必须提前做好项目可行性研究及必要的勘察、设计、论证、询价等前期工作，房屋修缮类和基础设施改造类项目，还应与当地规划、建设等相关部门沟通一致。

第十二条　科学仪器设备购置须符合事业单位国有资产配置管理相关规定。购置价值超过 200 万元以上的单台或成套仪器设备，按照《中央级新购大型科学仪器联合评议工作管理办法》（财教［2004］33 号）有关规定执行。

第十三条　项目单位应按财政部和农业部统一部署，依据修购工作规划编制各年度《中央级科学事业单位修缮购置项目申报书》，经本单位领导班子集体研究决定后，以正式文件报送本院相关管理部门。项目申报文件中应如实说明前期工作开展情况，并提供相关证明材料。

第十四条　三院对项目单位报送材料的完整性、合规性进行审核后，以正式文件报送财务司。财务司会同科技教育司组织对申报的修购项目进行评审、排序，并据此编制农业部年度《中央级科学事业单位修缮购置项目审核推荐表》，与项目申报文件一并报送财政部。

第十五条　实行项目预算执行进度与下年度项目预算安排挂钩。项目单位的项目预算执行进度情况，作为财务司和科技教育司对申报项目进行评审、排序的重要指标之一。

第四章　项目实施

第十六条　财务司会同科技教育司，依据财政部批复，将年度修购专款预算批转三院，三院据此批转本院各项目单位。

第十七条　项目单位依据财政部下达的修购专款预算控制数，及时编制项目实施方案，报科技教育司审批。

第十八条　项目单位要严格按照规定的开支范围及其他相关财务管理规定使用修购专款，要加强预算执行计划管理，提高财政资金使用效益。

第十九条　项目单位要严格执行政府采购管理有关规定。属于政府采购范围的，应按照《中华人民共和国政府采购法》及有关规定执行。

第二十条　项目单位使用修购专款形成的资产均属国有资产，应按国有资产管理有关规定和事业单位财务会计制度，及时纳入本单位财务账和资产账管理，未经批准不得擅自将产权移交其他企事业单位或转作经营性使用。

第二十一条　项目单位不得擅自变更项目预算内容。确因特殊情况需要进行调整的，应逐级审核后报送财务司，由财务司上报财政部，经财政部批准后方可进行变更调整。

第二十二条　项目单位须按月编报修购项目预算执行情况报表，经本院相关管理部门审核后分别报送财务司、科技教育司，并在年度决算中对修购专款预算执行情况进行单独说明。

第二十三条　项目单位须在实施方案确定的修购项目实施周期终了后 1 个月内，及时编制项目实施情况报告，经本院相关管理部门审核后报送科技教育司、财务司。其中，已按期完成的项目，须同时提出项目验收申请；未按期完成的项目，须逐项说明理由并提出后续工作措施。

第五章　项目验收和绩效考评

第二十四条　修购项目验收由科技教育司组织。其中，预算金额在 200 万元以上（含 200 万元）的项目须经有资质的社会中介机构出具审计报告，审计报告中除载明资金使用情况等常规审计结果外，还应审核编列新增资产数量和价值明细情况。

第二十五条　验收结束后，应及时将验收报告送财务司。其中，通过验收的，由财务司审核后报财政部；未通过验收的，由科技教育司提出整改意见，限期整改后重新验收。

第二十六条　凡有以下情形之一的，不能通过验收。

（一）未按批准的修购项目预算使用资金，或未经批准擅自改变项目预算内容、变更项目资金使用范围的。

（二）所提供的验收文件、资料和数据不真实，存在弄虚作假行为的。

（三）未按国有资产和财务管理有关规定执行，经费使用存在严重问题的。

（四）不应验收通过的其他问题。

第二十七条　修购项目实行追踪问效和绩效考评。财务司依据《中央部门预算支出绩效考评管理办法（试行）》（财预［2005］86 号）、《中央级教科文部门项目绩效考评管理办法》（财教［2005］149 号）等有关规定，会同科技教育司组织开展部分或全部修购项目的绩效考评。考评结果由财务司报送财政部。

第二十八条　财政部审定批复的修购专款预算，以及农业部批复的实施方案，是项目验收和绩效考评的重要依据。

第二十九条　项目单位要建立修购项目管理档案，对项目申报文件、项目预算批复、项目实施方案、项目实施情况报告、项目验收报告及社会中介机构出具的审计报告等及时归集并实行专门管理。

第六章　监督管理

第三十条　科技教育司负责监督检查修购项目实施情况，财务司会同科技教育司负责监督检查修购专款使用情况、资产入账及管理情况。

第三十一条　修购项目已完成形成的结余资金，项目中止或撤销形成的结余资金，项目连续两年未动用、或者连续三年仍未使用完形成的结余资金，一律核定为净结余资金，由财务司统筹安排支出。

第三十二条　对违反修购专款管理有关规定，弄虚作假、擅自改变资金用途，挤占、挪用或造成资金损失的行为，依法依规严肃查处。

第七章　附则

第三十三条　本细则未尽事宜，按照财政部、农业部有关规定执行。

第三十四条　本细则由财务司负责解释。

第三十五条　本细则自发布之日起实施。

农业部农业事业单位修缮购置项目经费管理暂行办法

农办财［2010］83号

第一条　为规范和加强我部农业事业单位修缮购置项目经费的管理，根据《中央本级项目支出预算管理办法》（财预〔2007〕38号）及其他相关规定，制定本办法。

第二条　修缮购置项目经费是由部门预算安排用于部属农业事业单位（不含直属垦区）的房屋修缮与基础设施改造、装备购置的财政专项经费。房屋修缮与基础设施改造是指办公、业务用房及配套的水、暖、电、气等基础设施维修改造；装备购置是指由我部基建投资安排的办公、业务设施交付使用后，一次性配置的办公家具、办公设备和中小型专用仪器设备，以及办公家具、设备更新及专用仪器设备升级。

第三条　财务司负责统筹协调修缮购置项目经费的预算管理和监督，相关事业单位作为项目单位具体负责项目立项申报和组织实施。

第四条　安排修缮购置项目经费遵循以下原则：

（一）具有公益性特征。修缮对象和购置装备应具有公益性特征，且用于满足本单位主体职能履行的需要；经营性用房及设施、设备不予支持。

（二）符合实际需要和厉行节约要求。办公家具、设备使用年限和配置应参照有关部门制定的配置标准，从严控制修缮和更新的周期；购置装备要综合考虑存量资产有效使用，应优先使用现有装备，严禁铺张浪费。

（三）区分轻重缓急适当安排支持。修缮购置内容原则上应通过基本建设投资安排，或通过基本支出预算列支，出现重大缺口时按轻重缓急通过修缮购置项目经费适当支持。

第五条　申请修缮购置项目经费应具备下列条件：

（一）修缮的房屋及配套基础设施属本单位直接使用，连续使用15年以上且已不能适应工作需要，或因非人为因素导致严重损坏而无法继续安全使用。新建设房屋及配套设施不予支持。

（二）购置装备应是我部基建投资安排的办公、业务设施交付使用后，在投资之外和调剂现有装备基础上，参照有关配置标准需一次性新购的办公家具、办公设备，或满足基本运转需要的必备中小型专用仪器设备。更新购置的办公家具需要连续使用15年以上，办公设备需要连续使用6年以上。

（三）修缮购置项目所需财政资金原则上控制在20万~200万元；功能和用途一体化的内容不得分割申报。

第六条　申请修缮购置项目经费应提交以下材料。

（一）可行性研究报告。主要说明项目背景、必要性、紧迫性，以及支出内容、资金测算、项目实施进度与预算执行计划等内容，填报项目申报书和项目支出明细表。并要说明提前开展的勘察、设计、论证、询价等前期工作情况，房屋修缮和基础设施改造项目还应说明与当地规划、建设等相关部门沟通意见的情况。

（二）相关证明材料。房屋、办公家具和设备的使用年限证明，具有相应资质单位提供的房屋安全鉴定报告；新建办公、业务设施立项与交付使用证明及基建投资批复明细等相关说明；更新装备需提供原装备的处置批复文件。

第七条　项目经费开支范围主要包括项目执行中发生的材料费、设备购置费、劳务费、水电动力费、设计费、运输费、安装调试费及其他与项目有关的必要费用。

第八条　财务司依据部门预算项目支出管理的相关程序，组织对申请立项的项目进行论证、审核、排序。审核通过的列入修缮购置项目库，视财力情况顺次列入年度部门预算。

第九条　项目单位要严格按照规定的开支范围及其他相关财务管理规定使用修缮购置项目经费，严格按照预算批复内容执行，加强预算执行计划与进度管理，提高财政资金使用效益。

第十条　项目单位要严格执行政府采购管理有关规定，属于政府采购范围的，应按照《中华人民共和国政府采购法》及有关规定执行。

第十一条　项目单位须在实施方案确定的修缮购置项目实施周期终了后 1 个月内编制项目实施情况报告。已完成的项目，应自行组织验收，项目实施和验收情况应及时报送财务司。未按期完成的项目，须说明理由并提出后续工作措施。

第十二条　项目单位使用修缮购置项目经费形成的资产均应按国有资产管理有关规定和事业单位财务会计制度，及时纳入本单位财务账和资产账规范管理，未经批准不得擅自将资产移交其他企事业单位或转作经营性使用。

第十三条　修缮购置项目已完成形成的剩余资金，项目中止或撤销形成的剩余资金，项目连续两年未动用、或者连续三年仍未使用完形成的剩余资金，一律核定为结余资金，由财务司统筹安排支出。

第十四条　对违反修缮购置项目经费管理有关规定，弄虚作假、擅自改变资金用途，挤占、挪用或其他造成资金损失的行为，依照《财政违法行为处罚处分条例》及有关法律法规进行处理、处罚和处分。

第十五条　本办法由财务司负责解释。

第十六条　本办法自发布之日起执行。

农业部科学事业单位修缮购置专项资金修缮改造项目验收办法（试行）

农办科［2007］52号

第一条　为规范和加强农业部“中央级科学事业单位修缮购置专项资金”房屋修缮与基础设施改造项目（以下简称修缮改造项目）的管理，根据《农业部科学事业单位修缮购置专项资金管理实施细则（试行）》（农办财［2007］58号）和国家财政专项资金管理的有关规定，制定本办法。

第二条　本办法适用于农业部科学事业单位承担的修缮改造项目。农业部科学事业单位是指中国农业科学院、中国水产科学研究院和中国热带农业科学院（以下简称三院）及其所属科研机构。

第三条　项目验收是对项目组织实施、资金管理等情况进行的全面审查和总结。验收工作应遵循实事求是、客观公正、注重质量、讲求实效的原则。

第四条　项目验收的组织工作，由农业部科技教育司负责或委托三院负责或委托项目承担单位负责。其中：60万元（不含60万元）以下修缮改造项目由项目承担单位自行组织验收（可适当简化程序）；60万元以上至200万元（不含200万元）修缮改造项目由三院组织验收；200万元以上修缮改造项目由农业部科技教育司组织验收。

第五条　项目验收以农业部批复的年度修购专款预算和《农业部科学事业单位修缮购置专项资金项目实施方案》为依据。

第六条　修缮改造项目申请验收应具备以下条件：

（一）完成批复的项目实施方案中规定的各项内容；

（二）项目承担单位系统整理了修缮改造项目档案资料并分类立卷，各类资料齐全、完整，包括：前期工作文件，实施阶段工作文件，招标投标和政府采购文件，验收材料及财务档案资料等；

（三）涉及环境保护、劳动安全卫生及消防设施等有关内容的，须经相关主管部门审查合格，项目工艺设备及配套设施能够按批复的设计要求运行，并达到设计目标；

（四）项目承担单位已经组织相关单位进行初步验收，初步验收不合格的项目不得报请验收；

（五）项目承担单位委托社会中介机构完成专项资金审计，专项资金审计报告应包括《财政专项经费决算表》等。

第七条　验收申请资料应包括：

1.《项目验收申请书》（附件1）；

2.《农业部科学事业单位修缮购置专项资金项目执行报告》（附件2）；

3. 社会中介机构出具的专项资金审计报告；

4. 其他材料。

第八条　项目验收应包括下列程序：

（一）项目承担单位汇报项目执行情况；

（二）社会中介机构做专项资金审计报告；

（三）验收组查阅、审核工程档案、财务账目及其他相关资料；

（四）验收组进行质询和现场查验；

（五）验收组讨论形成《项目验收意见书》（见附件3）。

项目承担单位、设计单位、施工单位、工程监理等单位应配合验收组的工作。

第九条　修缮改造项目验收的主要内容：

（一）项目建设内容、建设规模、建设标准、建设质量等是否符合批准的项目实施方案；

（二）项目资金使用是否符合财政部《中央级科学事业单位修缮购置专项资金管理办法》（财教［2006］118号）及有关规定；

（三）项目实施是否按批准的实施方案执行政府采购和招标投标的有关规定；

（四）工程验收记录是否合格，改造部分的建设内容是否编制了相关专业竣工图，设备部分是否进行了安装与调试；

（五）项目是否按要求编制了决算及专项资金审计报告；

（六）项目前期工作文件，实施阶段工作文件，招标投标和政府采购文件，验收材料及财务档案资料等是否齐全、准确，并按规定归档；

（七）项目管理情况及其他需要验收的内容。

第十条　项目承担单位自行组织验收的项目，应在项目结束后15日内完成项目验收，并将项目验收材料报三院审核后，转报农业部科技教育司备案。

三院组织验收的项目，项目承担单位应在项目结束后10日内向三院提出验收申请，三院应在45日内完成验收，并将项目验收材料报农业部科技教育司备案。

农业部科技教育司组织验收的项目，项目承担单位应在项目结束后10日内向三院提出验收申请，三院应在15日完成审核工作，并将验收申请报农业部科技教育司，农业部科技教育司应在45日内完成验收工作。

第十一条　项目遇特殊情况需要延期验收的，项目承担单位应在项目执行期结束前2个月提出书面申请，经三院审核后报农业部科技教育司审批。

第十二条　修缮改造项目验收要组织验收组。验收组由5人或5人以上单数组成，其中工艺、工程造价、财务、科研等方面的专家不得少于成员总数的三分之二。

验收组专家可以从农业部修购专家库中选择，验收组专家实行回避制度。

第十三条　《项目验收意见书》由验收组三分之二以上成员签字后，报送项目验收组织单位。

第十四条　通过验收的项目，由项目承担单位负责将所有验收材料（见附件4）装订成册，以正式文件一式三份报送三院并抄报农业部科技教育司、财务司。

第十五条　未通过验收的项目，项目承担单位在接到验收意见通知后在10日内提出整改方案，经三院审核后报农业部科技教育司。

无法整改或整改后仍达不到验收要求的，由验收组织单位将验收情况报农业部科技教育司，由农业部科技教育司会同农业部财务司按照有关规定处理。

第十六条　凡具有下列情况的项目，不能通过验收：

（一）未按批准的修购项目预算使用资金，或未经批准擅自改变项目内容、变更项目资金使用范围的；

（二）所提供的验收文件、资料和数据不真实，存在弄虚作假行为的；

（三）未按国有资产和财务管理有关规定执行，经费使用存在严重问题的；

（四）存在影响验收通过的其他问题的。

第十七条　《项目验收意见书》由项目承担单位报经三院审核后，上报农业部科技教育司审核后返回项目承担单位存档。

第十八条　使用修购专款形成的资产属国有资产，应按国有资产管理的有关规定加强管理。

第十九条　本办法由科技教育司负责解释。

第二十条　本办法自发布之日起实施。

农业部科学事业单位修缮购置专项资金仪器设备项目验收办法（试行）

第一条　为规范和加强农业部“中央级科学事业单位修缮购置专项资金”仪器设备购置项目（以下简称购置项目）及仪器设备升级改造项目（以下简称升级改造项目）的管理，根据《农业部科学事业单位修缮购置专项资金管理实施细则（试行）》（农办财［2007］58号）和国家财政专项资金管理的有关规定，制定本办法。

第二条　本办法适用于农业部科学事业单位承担的购置项目和升级改造项目验收工作。农业部科学事业单位是指中国农业科学院、中国水产科学研究院和中国热带农业科学院（以下简称三院）及其所属科研机构。

第三条　项目验收是对项目组织实施、资金管理等情况进行全面审查和总结。验收工作应遵循实事求是、客观公正、注重质量、讲求实效的原则。

第四条　项目验收的组织工作，由农业部科技教育司负责或委托三院负责。

第五条　项目验收以农业部批复的年度修购专款预算和《农业部科学事业单位修缮购置专项资金项目实施方案》（以下简称《实施方案》）为依据。

第六条　购置项目和升级改造项目验收以项目承担单位为单位进行。项目承担单位应在完成年度修购专款预算任务后10日内提出验收申请。若遇特殊情况需要延期验收，应由项目承担单位提出书面申请，经三院审核后报农业部科技教育司。

第七条　购置项目验收应由项目承担单位委托社会中介机构完成专项资金审计后提出验收申请。专项资金审计报告应包括《财政专项经费决算表》、《仪器设备采购执行情况明细表》（附件4）等。

第八条　升级改造项目验收应由项目承担单位委托社会中介机构完成专项资金审计、专家组技术测试后提出验收申请。专项资金审计报告应包括《财政专项经费决算表》等。技术测试应由项目承担单位聘请直接相关领域技术专家进行现场测试，并出具项目技术测试报告。测试专家不少于3人，测试专家应具备高级技术职称并在相关领域从事专业工作8年以上。

第九条　验收申请资料应包括：

1.《项目验收申请书》（附件1）；

2.《农业部科学事业单位修缮购置专项资金仪器设备购置项目执行报告》（附件2）；

3.《农业部科学事业单位修缮购置专项资金仪器设备升级改造项目执行报告》（附件3）；

4. 社会中介机构出具的专项资金审计报告；

5. 测试专家组出具的技术测试报告；

6. 可根据项目实际情况附上能够体现实物特征的照片、多媒体资料及技术资料。

第十条　项目承担单位上报的验收申请资料经三院审核后，由三院提出验收申请报告，报农业部科技教育司审批。

第十一条　项目验收组应由仪器设备技术或直接相关领域技术、财务和科研等方面的专家组成，成员人数为5人（含）以上单数，有直接利害关系的人员应主动申请回避。

第十二条　项目验收应包括下列程序：

（一）项目承担单位项目执行情况汇报；

（二）社会中介机构做专项资金审计报告；

（三）测试专家组做技术测试报告；

（四）验收组专家进行质询和现场抽验；

（五）验收专家组讨论形成《农业部科学事业单位修缮购置专项资金项目验收意见》（以下简称《项目验收意见书》，见附件5）。

第十三条　验收意见分为通过验收、需复议和未通过验收三种情况：

（一）通过验收。完成《实施方案》计划目标和任务，经费使用合理；

（二）需复议。未达到《实施方案》规定的计划目标和任务，或提供数据、资料不详，致使验收意见存在争议；

（三）未通过验收。凡有下列情况之一者，不能通过验收：

1. 未按批准的修购项目预算使用资金，或未经批准擅自改变项目内容、变更项目资金使用范围的；

2. 所提供的验收文件、资料和数据不真实，存在弄虚作假行为的；

3. 未按国有资产和财务管理有关规定执行，经费使用存在严重问题的；

4. 存在影响验收通过的其他问题的。

第十四条　《项目验收意见书》由项目承担单位报经三院审核后，上报农业部科技教育司审核后返回项目承担单位存档。

第十五条　通过验收的项目，由项目承担单位负责将所有验收材料（附件6）装订成册，以正式文件一式三份报送三院并抄报农业部科技教育司、财务司。

第十六条　需复议的项目，项目承担单位应在接到验收意见通知后，在10日内提出整改方案和书面复议申请，经三院审核后报农业部科技教育司，并在限定的时间内组织验收复议。

第十七条　未通过验收的项目，项目承担单位应在接到验收意见通知后，在10日内提出整改方案，经三院审核后报农业部科技教育司。

第十八条　使用修购专款形成的资产属国有资产，应按国有资产管理的有关规定加强管理。

第十九条　本办法由农业部科技教育司负责解释。

第二十条　本办法自公布之日起执行。

中国农业科学院中央级科学事业单位修缮购置专项资金项目档案管理办法

农科办财〔2011〕7号

第一章 总 则

第一条 为规范和加强我院“中央级科学事业单位修缮购置专项资金”项目（以下简称“修购项目”）的档案管理，提高修购专项管理水平，根据《中华人民共和国档案法》以及《农业部科学事业单位修缮购置专项资金管理实施细则》（农办财〔2009〕48号）等文件的有关规定，结合我院修购项目管理工作实际，制定本办法。

第二条 修购项目档案是指在修购项目申报、实施到项目验收的全过程中形成的，并具有保存、参考价值的文字、图纸等文件材料。

第三条 修购项目承担单位负责项目档案的收集整理、立卷和归档工作，并实行专人负责制。

第四条 院机关实际执行部门负责院本级修购项目档案的收集整理、立卷和归档工作，并向院档案管理部门移交。

第二章 归档范围与立卷要求

第五条 修购项目档案的归档范围

（一）前期资料，主要包括：工作规划、项目申报文件、项目预算批复、项目实施方案批复、项目实施方案、项日重大变动申请变更报告及批复文件、本单位制定的相关制度及规定、有关会议纪要等。

（二）实施过程资料，主要包括：

1. 招标采购合同资料：委托招标合同、招标公告、资格预审资料、招标文件、投标文件、开标评标定标资料、谈判过程文件、中标及未中标通知书、中标合同、施工合同、监理合同、审计合同、政府采购协议文件等。

2. 土建工程资料：设计文件、施工图文件及其审核意见、有关报建手续、施工技术准备文件、施工现场准备、施工材料预制构件质量证明文件及复试试验报告、进场材料质量检验单、施工及监理单位资质证明、开工报告、施工日志、施工试验记录、技术交底记录、隐蔽工程检查记录、工程质量检验记录、工程质量事故处理记录、变更洽商记录、监理规划、监理日志、监理月报、监理会议纪要、监理通知、监理工作总结等。

3. 电气、给排水、消防、抗震、采暖、通风、空调、燃气、建筑智能化、电梯工程等专业工程资料：图纸变更记录、设备质量检查和安装记录、隐蔽工程检查记录、施工试验记录、质量事故处理记录、工程质量检验记录、房屋抗震鉴定等。

4. 仪器设备资料：仪器进口审批文件、减免税证明、仪器设备装箱单、仪器设备验收单、安装调试记录、运行测试报告等。

（三）验收资料，主要包括：项目验收申请、项目执行报告、财政专项经费决算表、财务审计报告、项目执行情况统计表、项目验收意见书。房修类和基础设施改造类项目还包括工程质量验收记录、工程验收报告、工程验收备案表、工程质量保修书、竣工图、初步验收总结、四方验收单、工程结算审核报告。仪器升级改造类项目还包括技术测试报告。

第六条　修购项目材料的立卷，以项目为单位形成卷宗。

第七条　案卷编制参照《中国农业科学院文书档案管理办法》执行。

第三章　修购专项档案的管理

第八条　保管期限

修购项目档案的保管期限分永久和长期两种。房屋修缮类项目和基础设施改造类项目的保管期限参照《中国农业科学院基建档案管理办法》中的规定。仪器设备购置类项目和仪器设备升级改造类项目的保管期限参照《中国农业科学院科学仪器设备技术档案管理办法》中的规定。

第九条　特殊档案材料的保存。需要保存的电子文件应使用统一的存储介质保管。

第十条　档案的移交。修购项目档案立卷后向档案管理部门移交。移交时出具一式两份的移交清单、档案目录，双方据此核对，并在移交清单上签字。

第十一条　修购项目档案的后续补充。在档案移交后出现新的应归档材料，应及时归档，并更新卷内目录和材料清单。

第十二条　修购项目档案的借阅参照《中国农业科学院档案借阅规定》执行。

第四章　附　则

第十三条　本办法适用于中国农业科学院中央级科学事业单位修缮购置专项资金支持项目。

第十四条　本办法自发布之日起执行，由院办公室文档处负责解释。

结　语

2006年以来，通过近10年中央级科学事业单位修缮购置专项资金的投入，极大地改善了研究所的科研环境和条件。尤其是在单位事业费不足，创收不多的情况下，它对缓解研究所条件建设经费严重缺乏起到了十分关键的作用。修购专项资金的连续投入，有针对性的逐步改变了农业科研单位基础设施条件差、仪器设备老化、技术性能指标落后的状况，解决了制约着研究所的发展和创新的瓶颈。通过中央级科学事业单位修缮购置专项资金项目的实施，极大地改善学科的实际条件，提升了研究所科技创新能力，基本满足了研究工作的需求，为畜牧科技创新奠定了坚实的基础，取得一批重大科技成果，为“三农”做出重要贡献。

我国作为一个农业大国，农业科研水平的提升是关系到国家可持续发展，社会稳定繁荣，人民安居乐业的重要基础。十年间修购专项的持续有力支持，解决了研究所科研条件“脱贫”，但是与发达国家高水平科研机构相比在科研硬件设施和基础保障条件上还是有不小的差距。按照中国农业科学院提出科技创新能力建设“顶天立地”的新要求和建设世界一流农业科研院所的目标，研究所基础条件建设任务还十分繁重。为了实现农业科技创新跨越式发展的宏伟目标，在未来的很长一段时间内仍然需要“修购专项”的不断支持，在原有的基础上进一步提升基础设施水平，通过购置先进的大型仪器设备，建设高水平的科技平台，促进畜牧科技水平和创新能力向国际一流迈进。